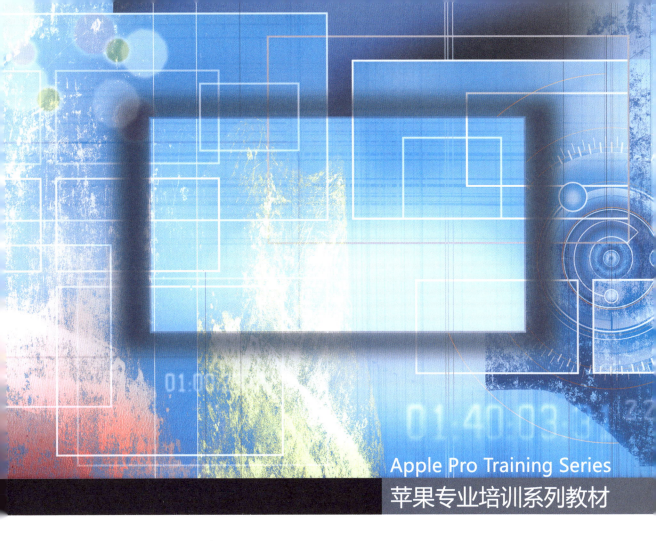

Apple Pro Training Series
苹果专业培训系列教材

Final Cut Pro X 10.1
非线性编辑高级教程

Final Cut Pro X 10.1
Professional Post-Production

[美]布兰登·博伊金（Brendan Boykin） 编著
黄 亮 郭彦君 译

电子工业出版社
Publishing House of Electronics Industry
北京·BEIJING

内容简介

Final Cut Pro X是苹果最为重要的培训领域，本书也是之前版本的更新。新版Final Cut Pro X 10.1优化了对Mac Pro中双AMD FirePro显卡的支持。此外，还可在选择的 Mac 计算机上通过 Thunderbolt 2 和 HDMI监视质量高达4K的视频，并针对4K提升了性能。本书正是对这一最新软件的操作进行了详细介绍，从书中读者将学会如何更好地润饰转场、如何在大批量素材环境下工作、如何制作绝美特效，以及如何使用滤镜等。

Authorized translation from the English language edition, entitled APPLE PRO TRAINING SERIES: FINAL CUT PRO X 10.1: PROFESSIONAL POST–PRODUCTION, 1st Edition, 9780321949561 by BOYKIN, BRENDAN,published by Pearson Education, Inc, publishing as Peachpit Press, Copyright © 2014 by BOYKIN, BRENDAN.

All rights reserved. No part of this book may be reproduced or transmitted in any form or by any means, electronic or mechanical, including photocopying, recording or by any information storage retrieval system, without permission from Pearson Education, Inc.CHINESE SIMPLIFIED language edition published by PUBLISHING HOUSE OF ELECTRONICS INDUSTRY, Copyright © 2015.

本书简体中文版由Pearson Education授予电子工业出版社。未经出版者预先书面许可，不得以任何方式复制或抄袭本书的任何部分。

版权贸易合同登记号　图字：01-2015-1622

图书在版编目（CIP）数据

Final Cut Pro X 10.1非线性编辑高级教程 /（美)博伊金 (Boykin,B.) 编著；黄亮，郭彦君译. -- 北京：电子工业出版社，2015.5

书名原文：Apple pro training series: final cut pro X 10.1: professional post-production

（苹果专业培训系列教材）

ISBN 978-7-121-25834-3

Ⅰ.①F…　Ⅱ.①博…②黄…③郭…　Ⅲ.①视频编辑软件－教材　Ⅳ.①TN94②TP317

中国版本图书馆CIP数据核字（2015）第071246号

责任编辑：田　蕾
特约编辑：刘红涛　于庆芸
印　　刷：中国电影出版社印刷厂
装　　订：三河市良远印务有限公司
出版发行：电子工业出版社
　　　　　北京市海淀区万寿路173信箱　邮编：100036
开　　本：787×1092 1/16　印张：19.5　字数：561.6千字
版　　次：2015年5月第1版
印　　次：2020年2月第11次印刷
定　　价：98.00元

凡所购买电子工业出版社图书有缺损问题，请向购买书店调换。若书店售缺，请与本社发行部联系，联系及邮购电话：（010）88254888。

质量投诉请发邮件至zlts@phei.com.cn，盗版侵权举报请发邮件至dbqq@phei.com.cn。

服务热线：（010）88258888。

致谢

我首先要感谢www.rippletraining.com的史蒂夫·马丁和www.h5productions.com的米奇·科尔多夫允许我借用他们的拍摄素材分享影片中表达的对飞行的热爱。史蒂夫，我的朋友，感谢你的支持、信赖，以及从始至终的鼓励。

非常感谢Final Cut Pro团队中的诺亚·坎得尔、克里斯多夫·弗若玛永、史蒂夫·贝叶斯、彼得·斯特恩奥尔、肯尼·米汉和托比·赛得勒，你们给了我这次难得的机会，并给予了大力支持。在这样一个庞大的项目中对我如此信任，我由衷地感谢你们。

此外，对于苹果的员工，我还要感谢尤金·艾文、辛迪·沃勒、朱迪·劳伦斯、约翰·斯格纳、谢恩·罗斯、拉吉·萨克里卡和卡米尔·冯·埃贝斯泰因。你们都是力争把"苹果"精神融入苹果认证培训的同事和朋友。你们付出了不懈的努力，使得针对OS X、iOS和专业应用程序的苹果认证培训成为最优秀的、获得客户赞赏的项目。

非常感谢Peachpit出版集团的丽莎·麦克莱恩。她坚定地支持我撰写这本书，并最终成就了这个项目。而对于图书编辑，非常感谢达伦·梅斯的具体工作。

最后，让我感谢每周7天、每天24小时不间断地支持我的剪辑师、我的朋友鲍勃·林德斯特罗姆。鲍勃，你是最棒的！感谢你，鲍勃！

目　　录

第1课	开始 1
	练习 1.1　下载源媒体文件 3
	练习 1.2　准备源媒体文件 3
	参考　工作任务和工作流程的简介 5
	课程回顾 7
第2课	导入媒体 9
	参考 2.1　片段、事件和资料库的含义 9
	练习 2.1.1　创建一个资料库 10
	练习 2.1.2　导入摄像机源文件的准备工作 12
	参考 2.2　使用"媒体导入"窗口 13
	练习　创建一个摄像机归档 14
	参考 2.3　从摄像机导入源媒体 16
	练习 2.3.1　在连续画面的预览中进行观看 17
	练习 2.3.2　从摄像机存储卡中导入片段 18
	参考 2.4　媒体导入选项的选择 20
	练习　应用媒体导入选项 22
	参考 2.5　从一个磁盘宗卷导入 23
	练习 2.5.1　从一个磁盘宗卷导入现有的文件 25
	练习 2.5.2　从Finder或者其他软件中拖动 26
	课程回顾 27
第3课	整理片段 29
	参考 3.1　熟悉资料库、浏览器和检视器窗格 29
	参考 3.2　关键词的使用 31
	练习 3.2.1　为片段分配关键词 32

IV

练习 3.2.2　为片段中的一个范围分配关键词...39
练习 3.2.3　为片段添加注释..41
参考 3.3　评价片段..44
练习 3.3.1　应用评价..44
练习 3.3.2　自定义个人收藏..51
参考 3.4　搜索、排序和过滤..52
练习 3.4.1　在事件中过滤片段..55
练习 3.4.2　使用智能精选..57
练习 3.4.3　侦测人物和拍摄场景..59
参考 3.5　角色..61
练习　分配角色..61
课程回顾..65

第4课　前期剪辑..66
参考 4.1　理解一个项目..66
练习　创建一个项目..67
参考 4.2　处理主要故事情节..68
练习 4.2.1　追加到主要故事情节..69
练习 4.2.2　在主要故事情节中重新排列片段..74
参考 4.3　在主要故事情节中修改片段..76
练习 4.3.1　执行插入编辑..76
练习 4.3.2　波纹修剪主要故事情节..79
参考 4.4　调整主要故事情节的时间..82
练习 4.4.1　插入一个空隙片段..84
练习 4.4.2　切割和删除的工作..85
练习 4.4.3　接合片段..88
练习 4.4.4　精细地调整对白..88
参考 4.5　在主要故事情节的上方进行剪辑..90
练习 4.5.1　添加和修剪连接的B-roll片段..91
练习 4.5.2　连接片段的同步与修剪..97
参考 4.6　创建一个连接的故事情节..99
练习 4.6.1　将多个连接片段转换为一个连接的故事情节..100
练习 4.6.2　将片段追加到一个新的连接的故事情节中..103

参考 4.7　在主要故事情节的下方进行编辑 115
　　练习　连接一个音乐片段 115
参考 4.8　精细地调整粗剪 116
　　练习 4.8.1　调整剪辑 117
　　练习 4.8.2　调整片段音量 120
　　练习 4.8.3　连接两个新的B-roll片段 121
　　练习 4.8.4　使用交叉叠化和渐变手柄修饰编辑点 123
参考 4.9　共享你的工作 126
　　练习　共享一个iOS兼容的文件 127
　　课程回顾 132

第5课　剪辑的修改 136

参考 5.1　多版本的项目 137
　　练习　制作一个项目的快照 137
参考 5.2　从一个故事情节中举出 139
　　练习　将片段举出故事情节 139
参考 5.3　替换片段 140
　　练习 5.3.1　在主要故事情节中进行替换 141
　　练习 5.3.2　创建Time at 0:00 142
参考 5.4　使用标记 148
　　练习　创建标记 149
参考 5.5　使用位置工具 152
　　练习　将对白和B-roll片段与音乐对齐 153
参考 5.6　使用试演 158
　　练习 5.6.1　重新放置故事情节，删除其内容 158
　　练习 5.6.2　导入航拍镜头 160
　　练习 5.6.3　使用试演片段 160
参考 5.7　修剪开头和结尾 163
　　练习　修剪航拍镜头 164
　　课程回顾 173

第6课　精剪 175

参考 6.1　片段的重新定时 175
　　练习 6.1.1　设定一个恒定的变速 176
　　练习 6.1.2　使用切割速度 179

参考 6.2　使用视频效果 184
 练习 6.2.1　体验视频效果 185
 练习 6.2.2　创建景深效果 190
参考 6.3　使用视频转场 194
 练习　体验多种转场效果 194
参考 6.4　使用变换功能进行画面合成 202
 练习 6.4.1　创建双画面分屏的效果 204
 练习 6.4.2　使用视频动画编辑器 208
参考 6.5　复合片段 210
 练习　将几个片段的合成组合到一个复合片段中 211
课程回顾 212

第7课　完成剪辑 215

参考 7.1　使用字幕 215
 练习　添加和修改一个下三分之一字幕 216
参考 7.2　处理音频 221
 练习 7.2.1　为片段添加声音 221
 练习 7.2.2　音频音量的动态变化 231
参考 7.3　了解音频增强 240
参考 7.4　修复图像 241
 练习 7.4.1　平衡片段的颜色 241
 练习 7.4.2　匹配颜色 247
课程回顾 249

第8课　共享一个项目 251

参考 8.1　创建用于观赏的文件 251
 练习 8.1.1　共享到网络服务器上 252
 练习 8.1.2　通过捆绑包发布一组文件 256
 练习 8.1.3　共享一个母版文件 258
参考 8.2　创建一个交换格式文件 261
参考 8.3　利用Compressor 261
课程回顾 263

第9课　管理资源库 265

参考 9.1　存储导入的媒体 265

VII

练习 9.1.1　在导入的时候让文件保留在原位 266
　　练习 9.1.2　导入管理的片段 268
　　练习 9.1.3　在资源库内部移动和复制片段 270
　　练习 9.1.4　制作便携的资源库 271
　　课程回顾 274

第10课　改善你的工作流程 276
　　子工作流程 10.1　手动设置新项目 276
　　子工作流程 10.2　双系统录制的同步 279
　　子工作流程 10.3　颜色抠像 282
　　子工作流程 10.4　剪辑多机位片段 287
　　课程回顾 296

附录A　键盘快捷键 298

附录B　编辑原生格式 303

第1课
开始

剪辑是"讲述故事"的工作。这通常需要从无数的视频和音频片段中选择出需要的内容，将它们组合到一个连贯的情节中，以使这个故事可以教育、激发、鼓励和感动观众。Final Cut Pro X具备专门为满足视频剪辑需求之功能，在其完善的工作流程中，你将成为一名"讲述故事"的人，而不是一名设备操作人员。本书的目的是引导你通过创造性的工作流程，从开始到结束，对一个完整的故事项目进行构建和完善。在此过程中，你会学到使用Final Cut Pro实现高质量的编辑成果的多种功能和技巧。

学习目标
- 升级与更新旧版本的事件与项目
- 下载和准备课程媒体文件
- 理解基本的Final Cut Pro工作流程

对于新入行的剪辑师，Final Cut Pro可以帮助你在缺少足够相关剪辑系统技术知识的情况下，讲述你的故事。对于经验丰富的剪辑师，Final Cut Pro借助其独特的功能激发你的创意思维，比如通过创新的磁性时间线功能，可以自由地尝试各种大胆的剪辑变化，而无须担心单个片段的完整性与多个片段之间的相对关系。

欢迎使用Final Cut Pro

师承久远

正如离线数字剪辑技术彻底改变了传统的拼接磁带技术，Final Cut Pro力图将数字剪辑推进到一个全新的水平。作为顶级的软件，Final Cut Pro利用64位架构、CPU的每个时钟周期和多GPU实现了惊人的性能。当与Mac Pro结合使用的时候，Final Cut Pro大幅提高了专业剪辑工作的效率。

作为一个剪辑软件，Final Cut Pro符合你进行创造性工作的习惯，而非令你陷于完成技术任务的困境中。除了具备高性能剪辑能力之外，灵活的元数据工具可以帮助你管理不断增加的媒体内容，以应对当今数字世界的发展。在剪辑完成后，你可以通过多种格式、多种渠道发布你的作品，方便客户或者观众欣赏，有利于所有的剪辑师通过高质量的软件和硬件创建并共享他们的影片。

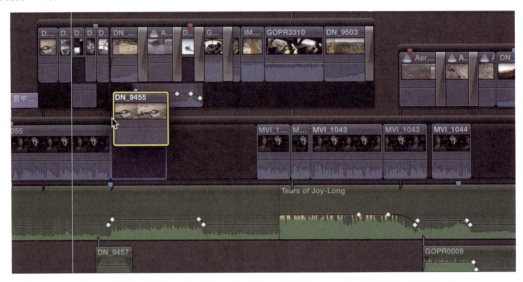

所有片段同步于主要故事情节上的片段，在磁性时间线中，它们之间不会出现冲突。

更新现有的事件和项目

如果你使用过Final Cut Pro X 10.1之前的版本，那么你可能已经有一些事件和项目了。此时，在你第一次打开Final Cut Pro X 10.1的时候，会弹出一个对话框，询问你是否希望更新事件和项目。

NOTE ▶ 在某个项目进行到一半的时候，大多数有经验的剪辑师都不会升级或者更新任何软件和硬件。如果你决定进行更新，那么首先应该备份文件、软件和第三方插件。

你可以单击"以后更新"按钮，暂时不改变当前的事件和项目，仍然使用老版本的Final Cut Pro X处理它们。如果之后又希望对事件和项目进行更新，那么选择"文件 > 更新项目和事件"命令。

NOTE ▶ 如果你使用过Intelligent Assistance的Event Manager X，那么请参考它们网站上的迁移指导信息。

如果你准备好进行更新，那么单击"全部更新"按钮，就会将全部事件和项目都转换到一个新的资料库系统中。针对每个驱动器，会创建一个单独的新资料库。每个驱动器中的事件和项目会转换到该资料库中。在更新的时候，你还可以选择是否删除老版本的文件。如果你没有备份过这些文件，或者并非所有的剪辑设备都更新到Final Cut Pro X 10.1，你可能需要保留这些文件。之后，你可以在新资料库中整理事件和项目，也可以创建新的资料库。

NOTE ▶ 如果你使用XSAN，或者希望更新某个事件和项目，那么单击"查找"按钮。这样会为每个包含一个Final Cut Events文件夹和一个Final Cut Projects文件夹的文件夹创建一个资料库。

无论你是否决定更新现有的项目，你都可以继续本书中的练习，创建新的资料库、事件和项目，而不会影响到你现有的工作。

进行练习

本书中的练习从第1课到第9课都是有所关联的。因此，建议你按次序完成每一个练习。在进行下一课之前，一定要完成上一课的练习。

练习 1.1
下载源媒体文件

请扫码关注"有艺"公众号，在公众号中输入书名"Final Cut Pro X 10.1非线性编辑高级教程"或书号"25834"，即可获得本书源媒体文件。

练习 1.2
准备源媒体文件

在下载好ZIP压缩文件后，你可以将它放在任何一个你可以访问的文件夹中。对这个文件夹，你需要有读和写的权限。比如桌面、文稿这样的文件夹。如果你使用一个外置硬盘，那么不仅需要确保具有读和写的权限，还需要确认该硬盘的格式为Mac OS 扩展（HFS+）。

1 在Dock中，单击Finder图标，打开Finder窗口。

Finder是用来浏览苹果计算机文件系统的一个软件。

2 按照你自己的意愿选择一个文件夹，在该文件夹中将会放置媒体文件。

如果你觉得不知道使用哪个文件夹更合适，那么推荐你使用"文稿"文件夹。该文件夹位于你当前使用的账户的个人文件夹中。上图就是"文稿"文件夹的情况。

NOTE ▶ 在外置硬盘上存储媒体文件夹也是一个非常好的方法。

3 在找到文件夹后，选择"文件>新建文件夹"命令。

这样会创建一个新的文件夹，它的名字会被高亮显示，以便你立刻修改文件夹的名称。

4 输入FCPX MEDIA，按【Enter】键。

在创建好FCPX MEDIA文件夹后，下一步就是把下载的文件放到该文件夹中。

5 在Dock最右边的废纸篓旁边，单击"下载"文件夹的图标。

为了更容易地将文件从"下载"文件夹中拖出来,你需要在Finder窗口中打开"下载"文件夹。

NOTE ▶ 如果你无意中将"下载"文件夹图标从Dock中删除了,那么请注意,"下载"文件夹就位于你的个人文件夹中。

6 单击"下载"文件夹图标,在弹出的一串图标中单击"在Finder中打开"图标。

这样,在桌面上会出现另外一个Finder窗口,就是打开的"下载"文件夹。

7 为了方便操作,可以将这两个窗口并排摆放。

8 从"下载"文件夹中将以下文件/文件夹拖放到FCPX MEDIA文件夹中:GoPro SD Card 1.dmg、LV1、LV2和LV3。

完成移动后,你将在Final Cut Pro中对这些媒体文件进行整理。

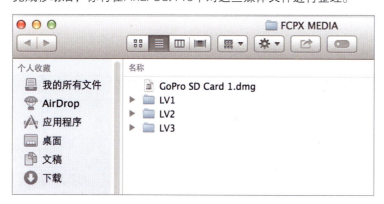

NOTE ▶ 如果文件的扩展名是.zip,那么双击它,将其解压缩。

9 本书中所有的练习文件都位于FCPX MEDIA文件夹中。你需要记住这个文件夹的位置。下面,从Dock中或者应用程序文件夹中打开Final Cut Pro。

参考
工作任务和工作流程的简介

本书的素材是由 H5 Productions和Ripple Training两个公司共同提供的,包括画外音的录制和一段航拍素材。剪辑师的工作目标是剪辑一段1:30～2分钟长度的影片,来介绍H5直升机的拥有者、飞行员和Mitch Kelldorf,并且讲述他们对飞行的热爱。

在前4课中,你将编辑第一个粗剪的版本,其工作流程与无数Final Cut Pro剪辑师在实际工作中使用的完全一样。在第4课的结尾,你将会输出这个粗剪版本,并展示给"客户"观看。

粗剪

从第5课开始,你将会根据客户的意见来改进影片的剪辑,并添加入更多的内容,比如字幕、特效和变速效果。最后你会着重处理音频,并通过不同的共享选项来导出这个项目。

最终剪辑版本

在第10课中讲述了附加工作流程的信息,你可以用它们替换现有工作流程,或者作为一种有益的补充。其中介绍的技术包括如何同步双系统录制的片段、常用的高清数码单反设置、多机位拍摄的片段等。

工作流程的学习

如果从宏观的角度来看Final Cut Pro的工作流程,那么会发现这里有3个阶段:导入、编辑和共享。

在导入阶段(也称为输入或者转换),你会将源媒体文件变成片段。之后将这些片段存储下来,并为方便剪辑而进行必要的整理。

在一个事件中整理片段

在剪辑阶段(这也是在Final Cut Pro中最花费时间的工作),将是出现神奇的阶段。这其中包含一些小的工作流程,如修剪片段、添加图形和混音等。

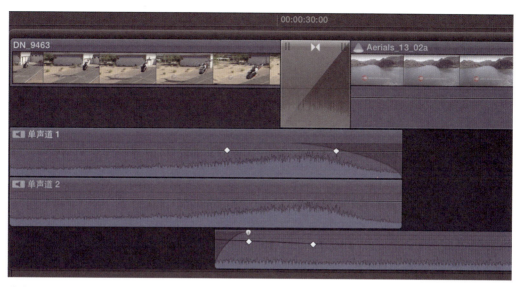

单独编辑音频部分

共享阶段则是你决定将完成剪辑的项目发布到各种网络媒体上,通过多种设备进行观看,或者发布最终成片的阶段。

在"共享"下拉菜单中的导出预置

以上这3个阶段正是你将用于创建和讲述故事的工作流程。随着继续学习本书内容,你将熟悉很多工具和技术、按钮和键盘快捷键。在剪辑工作中,你会反复地使用到它们。在学习的初始阶段,你只需要牢记一个键盘快捷键:【Command-Z】。这样,在尝试各种剪辑的时候,就没有后顾之忧了。Final Cut Pro本身的软件设计也鼓励你尽量尝试和挖掘各种剪辑的可能性,尽量发挥你的创造力。

课程回顾

1. 请描述Final Cut Pro工作流程的3个阶段。

2. 如果Final Cut Pro问你是否要更新项目和事件到Final Cut Pro X 10.1的版本上，你有哪些选择？
3. 在剪辑工作进行过程中，你是否应该更新任何一款后期制作的软件呢？

答案

1. 导入：在这个阶段将会导入"讲述故事"需要的源媒体文件，并整理这些片段。

   剪辑：这是一个极具创造性的过程，你会将不同片段编排在一起，修剪镜头变换，以讲述出一个故事。

   共享：这个阶段是通过多种不同的渠道将影片发布出来的，以便别人观看。

2. 针对每个磁盘宗卷创建一个资料库，容纳原有的事件和项目；或者，你也可以选择指定的事件和项目进行更新；或者留待以后进行更新。

3. 通常来说，后期制作公司都不会在进行剪辑项目的时候更新软件，甚至不会更新硬件。

第2课
导入媒体

工作流程中的导入阶段，相当于后期制作的准备阶段。在剪辑开始之前，花一定的时间和精力进行媒体整理和片段整理，会为后面的工作节省大量的时间。作为导入工作的一部分，你将在本课中学习到两种存储和转换媒体文件的方法。在导入之前，你还需要了解Final Cut Pro对媒体进行管理的架构。

学习目标
- ▶ 片段、事件和资料库的含义
- ▶ 被管理的文件与外置媒体文件的区别
- ▶ 创建一个摄像机归档
- ▶ 使用媒体导入和使用Finder导入文件

参考 2.1
片段、事件和资料库的含义

在苹果计算机上通过嵌套的文件夹来容纳和管理数据文件。类似地，Final Cut Pro使用片段、时间和资料库来容纳和管理媒体文件。

片段

在获得源媒体文件后，就是在上一课中下载的文件，你将会把它们导入到Final Cut Pro中进行剪辑。导入操作会在Final Cut Pro中创建出一个片段，用来代表对应的源媒体文件。每个片段的内容也不尽相同，比如某些片段内容同时具有音频和视频数据，某些则仅包含音频，或者仅包含视频数据。因此，我们可以将片段视为一种容纳音频和视频数据的容器。为了剪辑一个视频文件，你必须首先将其导入到Final Cut Pro中，Final Cut Pro会将文件所包含的数据装在一个片段（容器）中。

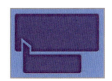

事件

所有片段都会被容纳在一个更大的容器中，称为事件。事件中可以包含各种片段。你可以按照片段的类型将它们放置到不同的事件中，比如采访、场景镜头，以及视频库的文件等。当然也可以将各种类型的片段都放置在同一个事件中。无论采用哪种方法，都取决于你自己对片段分类的习惯。

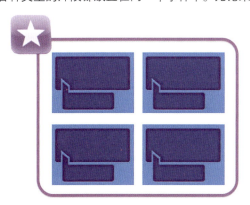

▶ 哪些内容应该放在事件中？

事件中可以容纳任何你希望容纳的片段。某些剪辑师喜欢在创建一个事件后，将所有可用的片段都放进去。之后，再进行筛选。而另外一些剪辑师则喜欢创建多个事件，按照时间、存储卡、影片场景，或者某些规则来进行分别存储。你也可以根据自己的喜好，混合不同的规则将对应的片段放置在对应的事件中。

在创建事件之前，请牢记，事件是一种存储的容器。它不仅仅在整理片段的时候具有重要作用（你将在第3课中学习到有关内容），也有利于你在大型资料库中确认源媒体文件的存储位置。

资料库

资料库是Final Cut Pro中最大的一种容器。你可以将事件和片段都放置在资料库中。在剪辑工作中建立的项目文件也会被包含在资料库中，无论是单独的某个剪辑师建立的项目，还是用于团队协作的多个剪辑师进行操作的项目。针对项目文件，至少需要一个对应的资料库。你也可以同时打开多个资料库。

在本书中你将会了解到有关片段、事件和资料库的一些重要信息。现在，让我们先导入一些片段，然后快速熟悉一下Final Cut Pro的一些操作方法。

练习 2.1.1
创建一个资料库

在媒体文件的管理中，视频需要的片段是存放在一个事件中的，而事件则是存放在一个资料库中的，所以，在导入媒体之前，需要先创建一个资料库。资料库可以存放在任何一个可以访问得到的本地或者网络磁盘宗卷上。

1 在Final Cut Pro中，选择"文件>新建>资料库"命令。

在"存储"对话框中，你需要确认该资料库存放的位置。当然，最理想的是将它存放在一个高速的本地或者网络的磁盘宗卷上。

2 找到你希望存储该资料库的位置。

NOTE ▶ 在第1课你下载了媒体文件，并将它们移动到了一个新建的名字为FCPX MEDIA的文件夹中。我们推荐你将该文件夹放在外置硬盘上，或者"文稿"文件夹中，或者桌面上。

3 在"存储为"文本框中，输入Lifted，然后单击"存储"按钮。

在Final Cut Pro界面左边的资料库窗格中，你将会看到一个新的资料库。它会自动包含一个按照今天的日期命名的事件。在这里还有另外一个资料库，它是你在第一次打开Final Cut Pro的时候创建的。让我们把任何不希望使用的资料库都关掉，以保护它们中的数据。

4 按住【Control】键单击不希望使用的资料库，然后从关联菜单中选择"关闭资料库'未命名'"命令。

5 重复上面的步骤，关闭所有其他不希望使用的资料库。

关闭这些资料库后，当你在使用本书素材的时候，就不会无意中操作这些资料库，这样就达到了保护其数据的目的。此外，打开的资料库少一些，系统的性能也就能更好一些。在后面的课程中，你将学习如何打开那些已经存在的资料库。

在Lifted资料库中，你会发现有一个以当前的日期命名的事件。我们先把这个事件的名字改一下，然后把GoPro摄像机拍摄的一些媒体素材导入到这个事件中。

6 单击事件名称上的文字，当界面切换为文本输入状态后，输入GoPro，按【Enter】键。

这样，事件的名字就改好了。此时，你已经创建了一个资料库，并准备好了一个事件，该事件将会容纳源媒体文件。

练习 2.1.2
导入摄像机源文件的准备工作

在这个练习中，你将加载一个预先复制好的SD卡（模拟真实的摄像机存储卡）。这个SD卡的文件是在第1课中下载过的。

NOTE ▶ 此练习假设你的OS X系统是刚刚安装好的。在默认情况下，OS X中的一个软件——图像捕捉，将会用于识别连接到苹果计算机上的摄像机或者摄像机存储卡。

1. 按【Command-H】组合键隐藏Final Cut Pro软件，以便你可以快速地访问桌面。
2. 找到在第1课中创建的FCPX MEDIA文件夹。
3. 在FCPX MEDIA文件夹中，双击GoPro SD Card 1.dmg文件。

接着，一个SD卡的宗卷图标会出现在桌面上。这个宗卷是使用软件模拟一个摄像机存储卡连接到计算机上的。

在苹果计算机中发现了这个模拟的摄像机存储卡后，图像捕捉软件有可能会启动，试图访问这个存储卡。如果该软件没有启动，那么你可以直接跳到第5步。

4. 在图像捕捉软件打开后，选择"图像捕捉>退出图像捕捉"命令，关闭这个软件。
5. 单击Dock中的Final Cut Pro图标，返回到Final Cut Pro中。

虽然Final Cut Pro一直在后台运行，但是可能会由于不同的系统配置，当你返回Final Cut Pro的时候，媒体输入的窗口已经打开了。

6. 如果媒体输入的窗口没有打开，那么单击媒体输入图标。

在导入任何数据之前，让我们先了解一下媒体输入界面。

参考 2.2
使用"媒体导入"窗口

"媒体导入"窗口是Final Cut Pro将源媒体文件导入到软件中这个操作流程的统一界面。在这个窗口中可以指定源媒体的来源,以及将其转换为片段后会被放置在哪个资料库的哪个事件中。在后期制作流程中,你会将这些片段剪辑到一个项目中。

开发Final Cut Pro的一个重要目标就是如何尽可能地实现快速剪辑,以及如何最大程度地弱化高科技所表现出来的复杂性。在媒体导入窗口中有3个窗格:边栏、浏览器和检视器。

- ▶ 边栏:边栏在最左侧,它会罗列出所有可用的设备(摄像机、宗卷和个人收藏)。通过这些设备可以导入源媒体文件。
- ▶ 浏览器:在左侧边栏中选择了导入设备后,在这里会显示出所有可用的源媒体。
- ▶ 检视器:在窗格下方的浏览器中选择了某个源媒体后,在检视器中会显示它的预览画面。

在"媒体导入"窗口中,边栏是需要首先关注的。它会罗列出一个Final Cut Pro识别出来的设备的列表。

在边栏中选择了某个设备后,该设备的媒体文件将会出现在浏览器窗格中。浏览器窗格有两种显示方式:连续画面和列表。

NOTE ▶ 由于选择的设备类型不同,可能会有不同的显示方式。

此时,源媒体文件会出现在浏览器中,可以随时被导入。你无须考虑更进一步的配置工作,因为只要Final Cut Pro可以访问这个文件,并能够显示出预览,你就可以导入这个文件。

在选择好希望导入的媒体文件后，单击"导入"按钮，会弹出一个对话框。在这个对话框中，你可以确定导入后片段的存储位置。另外，这个对话框也集中体现了很多Final Cut Pro管理媒体的优点。

在完成导入的设定后，Final Cut Pro将会把源媒体导入软件，并将它们视为一个一个的片段，以便你开始后续的剪辑工作。在将Final Cut Pro的64位架构与最新的苹果硬件结合后，即使导入正在进行，你也可以立即对片段进行剪辑，哪怕是4K的分辨率。之前大家崇尚的是当日进行剪辑，而如今Final Cut Pro提供了即刻进行剪辑的特性。

▶ 编码？帧速率？高宽比？这都是些什么东西啊？

这些都是描述媒体文件规格的术语。比如，A4就是描述一张210mm×297mm大小纸张规格的术语。这3个术语分别是压缩算法和尺寸、每秒记录的帧数，以及视频图像的像素大小。

练习
创建一个摄像机归档

在开始导入之前，你需要先执行另外一个很重要的操作：备份源媒体。创建归档的命令可以复制一个Final Cut Pro识别的设备，以便日后进行管理。你也可以用其他方法来备份源媒体，而在Final Cut Pro中直接备份同样是以防万一的一种策略，比如无意中删除了某个需要的文件后，仍然能够通过备份恢复该文件。

1 在"摄像机"选项组选择GOPRO1摄像机存储卡。

这张卡的内容会显示在浏览器中。在预览这些媒体文件之前，你应该先进行备份操作。

2 在边栏的左下角，单击"创建归档"按钮。

在弹出的对话框中需要指定归档的名称和存储的位置。请确保要为这个文件起一个能够描述其特征的文件名。比如可以包括客户、场景和项目的名称，或者项目的编号，以及任何能够帮助你快速区分不同归档文件的关键词。

3 在本次练习中，输入Heli Shots-GoPro作为文件的名称。这些字母表示了该归档中包含了直升机与GoPro拍摄的视频。

4 如果需要，单击三角图标，展开显示Finder窗口中被隐藏的部分。

你可以将摄像机归档文件添加到左边的"个人收藏"选项下，以方便日后的读取。在这次练习中，先不要选择这个选项。

5 找到你的"文稿"文件夹，单击"新建文件夹"按钮。

6 输入Lifted Archives作为文件夹的名称，然后单击"创建"按钮。接着在"媒体导入"窗口单击"创建归档"按钮。

此时，在边栏中GOPRO1存储卡的旁边会出现一个计时器图标。在归档文件创建完毕之前，你就可以开始导入的操作了。

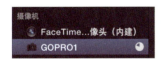

▶ 为什么需要创建一个摄像机归档？

Final Cut Pro支持多种摄像机格式的源媒体文件。为了获得最高的导入效率，"媒体导入"窗口将会使用源媒体的元数据信息。这些元数据会被存储在摄像机存储卡的多个位置上，或者嵌入在源媒体文件上。有些文件是隐藏文件，所以当我们通过Finder观看源媒体文件的时候不会发现它们。如果仅仅将源媒体文件从存储卡上拖到计算机中，那些相关的元数据文件有可能不会被复制。这样带来的一个后果就是，某些时候，"媒体导入"窗口就再也不能识别经过复制得到的源媒体文件了。如果是创建归档，那么就会将所有相关文件都保留在一起，同时保留元数据及文件夹的层级结构。这样，Final Cut Pro就总能够识别出这些源媒体了。

▶ **应该把摄像机归档存放在什么位置？**

理论上，包含了片段的事件应该被存放在与计算机启动的硬盘不同的另外一个存储介质上。在理想的条件下，存放媒体的宗卷应该是一个硬盘阵列（RAID）。硬盘阵列是将多个硬盘绑定在一起，识别为一个单一的宗卷。可以有软件控制的硬盘阵列，也可以用硬件控制的。如果你仅仅有一个外置硬盘，那么就将归档文件与Final Cut Pro的资料库放在这个硬盘上即可。但是如果有可能，应该将它们分别放置在不同的硬盘上。而存放归档文件的硬盘最好是一个具有自保护机制的硬盘（比如一个镜像的硬盘阵列），这样可以最大程度地保证数据的安全。

参考 2.3
从摄像机导入源媒体

通过"媒体导入"窗口可以访问一个摄像机的源媒体文件。之前，你也看到了创建一个摄像机存储卡的备份的过程。但是，创建归档仅仅是制作了一个数据备份，它并没有将源媒体导入到你的项目中。现在，我们把源媒体文件作为片段导入到一个事件中。

在下面的练习中你将学习如何通过连续画面的显示方式浏览每个媒体文件。在Final Cut Pro中使用鼠标、触控板、甚至更快速的方式进行工作。这种快速方式会应用在软件的全部使用和剪辑工作中，令Final Cut Pro的使用变得更加高效。

▶ **命令编辑器**

通过命令编辑器（选择"Final Cut Pro>命令>自定"命令），你可以指定超过300个定制化的键盘快捷键。

有关使用命令编辑器的更多信息，请参考附录A中的"分配键盘快捷键"。

下面来看Final Cut Pro的导入方法。首先，从GoPro中导入直升机的B-roll的摄像机媒体文件。之后，再导入更多的片段，包括对飞行员的采访和大量的B-roll文件。

在"导入选项"对话框中，包括媒体管理的多种选项，以及可以识别拍摄场景与技术错误的分析工具。

练习 2.3.1
在连续画面的预览中进行观看

如果是独立的剪辑师,你可能会花费大量的时间来观看源媒体文件。虽然使用键盘快捷键来观看这些素材的确会节省一些时间,但远远比不上应对一个复杂剪辑项目所需的时间。

1 确认模拟的SD卡仍然处在加载的状态,从边栏上部的"摄像机"选项组选择这个卡。

在浏览器窗格的左下角有两个显示源媒体方法的按钮:连续画面和列表。让我们先通过"连续画面"来体验一下扫视的功能。

2 如果需要,单击"连续画面"按钮。

这时,SD卡上的源媒体文件会按照缩略图显示在浏览器中。你可以通过扫视的方法快速地查看视频内容。

3 将光标放在一个文件的缩略图上来回移动,扫视其媒体内容。

该文件内容的预览画面会同时显示在缩略图上,以及上面的检视器窗格中。如果文件中包含音频信息,那么预览时也会播放音频。如果计算机性能足够好,还会实时地播放这个文件。

4 将光标放在某个缩略图上,按空格键。

空格键会请求软件进行实时的文件预览。再次按一下空格键,可暂停预览。

5 再按一下空格键,恢复播放。

你已经看到如何扫视一个片段,以快速地预览它的内容。对于时间比较长的片段,实时播放显示比较慢,而扫视可能又太快了。通过使用键盘快捷键则可以精确地进行播放控制。对应于播放的键盘快捷键分别是【J】、【K】、【L】3个按键。

6 扫视GOPR0005的开始部分,然后按【L】键开始播放。

这时,片段按照正常速度进行播放。

7 按【K】键暂停,然后按【J】键反向播放片段。

8 再按【J】键。

这时,片段会反向以快两倍的速度播放。你可以按【J】键4次,每次都提升一倍的播放速度。同理,也可以通过多次按【L】键提升播放速度。

9 按【L】键两次。片段会正向播放,每按一次,播放速度就会提高一次。按【K】键暂停播放。

稍后，你将会学习到更多观看片段的控制方法。现在，你已经了解了如何观看预览，让我们继续导入摄像机文件吧！接下来，你将要把几个文件全部导入到资料库中。

展开连续画面

尽管连续画面显示方式在默认状态下仅仅显示一张缩略图，但是你仍然可以将其展开，以便同时能够看到更多的预览信息。针对时间比较长的片段，这也方便了通过扫视来浏览其中的内容。

1 在"媒体导入"窗口，将缩放滑块向右拖动。

在滑块右侧会显示出每个连续画面所代表的帧数量。

2 比如，将滑块拖到显示出1s的位置。

这时，连续画面中的每帧会代表实际源媒体1秒的内容。

3 将滑块拖到左边，或者按【Shift-Z】组合键，这样每个缩略图就代表了每个媒体的全部内容。

练习 2.3.2
从摄像机存储卡中导入片段

现在，你已经知道了如何预览片段，所以可以检查存储卡上所有希望导入的媒体文件的内容了。你也可以尝试使用鼠标和键盘来进行相应的控制。

1 确认SD卡仍然是被选择的，如果按【Command-A】组合键选择所有媒体文件，你会发现在预览图下方有一个"导入所选项"按钮。

如果希望将所有媒体文件都导入到同一个事件中，那么就可以单击这个按钮。通过"导入选项"对话框可以控制某些导入的偏好设置。我们稍后再考虑这个方法。现在，我们仅仅导入个别的几个片段。

2 选择GOPR3310的缩略图。

此时，该预览图会高亮显示出周围的一圈黄色边框，这表示该预览图处在被选择的状态下。如果单击"导入所选项"按钮，那么就可以立即导入这个片段。但是，我们还需要选择多几个片段，然后一起导入。

3 单击GOPR0009的缩略图。

此时，GOPR0009缩略图被选择，但是GOPR3310被取消了选择。在OS X中，你需要按住【Shift】或者【Command】键，然后进行单击，这样就可以同时选择多个对象了。

4 按住【Command】键，单击GOPR3310缩略图。这样就同时选择了两个片段。

在一个摄像机文件中导入部分内容

上面讲过的方法很适合导入文件的全部内容，但是很多时候你仅仅希望导入某个媒体文件中的一部分内容。Final Cut Pro可以直接在"媒体导入"窗口中选择媒体文件的部分内容，然后进行导入。在缩略图上，有多种方法可以选择媒体中的一部分内容。

- ▶ 将扫视播放头或者播放头放在希望被选择的内容的开始部分，按【I】键，设定一个开始点。然后将播放头放在结束的位置上，按【O】键，设定一个结束点。
- ▶ 将光标放在希望被选择的内容的开始部分，然后单击并拖动鼠标光标到结束的位置上。在拖动的同时会显示出被选择部分的时间长度。

在GOPR0003中，让我们选择两个部分用于剪辑。尽管你可以先导入整个片段，然后再修剪为两个单独的片段，但是在这里，我们通过选择两个不同的范围，就可以直接创建出这两个单独的片段。首先，使用上面讲过的两种方法之一，来创建第一个选择范围。

NOTE ▶ 针对有些摄像机/视频文件的格式，可能无法针对片段的部分内容实现范围选择。

1 在GOPR0003中，将光标放在最开始的部分，然后选择之后10秒的这部分内容。

这个范围包括在停机坪上旋转着机翼的直升机。接着，你将要设定这个文件中的第二个选择范围。

2 将播放头放在直升机起飞前的时间点上，然后按【Command-Shift-I】组合键。

3 仍然是在GOPR0003上，扫视到直升机从画面上消失后的位置，按【Command-Shift-O】组合键设定结束点。

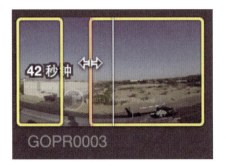

通过按【Command】键进行选择，你将多个不同的范围同时加到了当前的选择中。

4 继续按【Command】键并单击其他5个片段的缩略图。

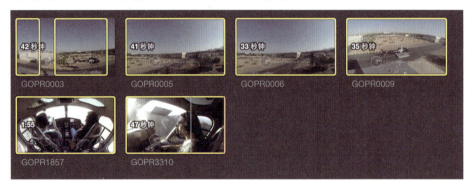

5 当这5个片段和之前GOPR0003的两个选择范围同时被选择之后，单击"导入所选项"按钮。

这时会弹出"媒体导入"选项对话框。在这里，你将要确定一些有关媒体管理的设置。

参考 2.4
媒体导入选项的选择

"媒体导入"选项对话框涉及3种重要的Final Cut Pro媒体管理的区域：

- ▶ 在软件界面上可以看到的片段的虚拟存储位置。
- ▶ 在可以访问的磁盘宗卷上存储片段的物理位置。
- ▶ 可用的转码和自动分析的项目。

选择虚拟存储位置

在"媒体导入"选项对话框最上方的选项区域用于确定在Final Cut Pro中如何管理片段。一个源媒体文件必须被作为一个事件中的片段后，才能被剪辑。通过这里的选项，你可以将片段添加到现有的事件中，或者创建一个新的事件，并将片段添加到新的事件中。让我们先看一下添加到现有事件中的方法。

当你选择"添加到现有事件"单选按钮后，在右边的弹出菜单中会出现当前被打开的资料库中所有事件的名称。你可以将片段放置在任何资料库中的任何事件中。在这里选择某个事件后，就确定了在Final Cut Pro中将会在这个事件中找到被导入的片段。

如果"选择创建新事件，位于："单选按钮，你需要在"事件名称"文本框中输入新事件的名称，并在弹出菜单中选择用于存储这个新事件的资料库。命名的方法完全由你自己决定，比如可以是很简单的客户的名字；或者，也可以是针对这些素材的编号。

在"媒体导入"选项对话框中，这部分选项的功能是确定资料库中的哪个事件会被用于容纳被导入的片段。

你可以在任何可用的资料库中创建新的事件。在完成导入后，你将会在这个资料库的事件中看到被导入的片段。

选择物理存储位置

此前我们已经知道，一个事件是用于容纳片段的一种容器。但你可能会提出另外一个更深入的问题：这些片段的源媒体文件真的存储在一个事件中吗？这个问题的答案完全取决于你自己是如何操作的，因为你可以使用被管理的媒体和外置媒体这两种不同的方法来处理源媒体文件。

被管理的媒体适合独立一人的Final Cut Pro剪辑师，或者是移动工作的剪辑师，或者是正在进行视频归档的操作人员。在被管理的媒体模式下，Final Cut Pro拥有媒体管理的全部控制能力。一旦进入这个模式，你就再也不需要通过Finder来访问源媒体文件了，Final Cut Pro将会负责媒体如何存储及存储的位置。你只需要确定媒体文件存储在哪个资料库中即可。在导入媒体文件之前，你预先要创建资料库，因此也就预先决定了媒体文件存储的位置。

如果媒体文件需要同时被多个不同的剪辑师和用户进行访问，那么外置媒体的模式就是最好的一种媒体管理的方法。外置媒体管理需要你确定一个在Final Cut Pro资料库之外的存储位置。这样，其他剪辑师就可以在你进行剪辑的同时访问到这些媒体文件。在这种模式下，资料库的文件可以比较小，软件加载的速度比较快，也会占用更少的内存。如果需要其他人继续现有的工作，在他能访问媒体文件的前提下，直接将资料库复制给他即可。

NOTE ▶ 在使用外置媒体的时候需要注意，由于源媒体文件是通过Finder来管理的，如果将某个文件移动到另外一个磁盘宗卷，那么在Final Cut Pro中就会出现一个离线的片段。

在使用外置媒体模式的时候，你可以将任何访问得到的磁盘宗卷用于存储源媒体文件。在将文件复制到的菜单中选择它的位置即可。

如果是从一个磁盘宗卷中导入源媒体文件，而不是摄像机存储卡，那么就会出现让文件保留在原位的选项。如果选择了这个选项，那么在导入过程中，源媒体文件就不会被移动或者复制。

使用转码和分析选项

在"转码"选项区域，如果选择了某个选项，那么就会为该片段创建出附加的源媒体文件。

转码：
- 创建优化的媒体
- 创建代理媒体

▶ 创建优化的媒体：将会从源媒体文件生成一个新的Apple ProRes 422版本的文件。这种格式的文件很适合合成、特效的工作，可以大幅减少处理运算所需要的时间。

▶ 创建代理媒体：这会从源媒体文件生成一个新的Apple ProRes 422 (Proxy)版本的文件。这种格式的文件很小，能够在磁盘中存储更长时间的素材。

在"视频"选项区域，可以执行一些自动化的操作，比如分析画面拍摄的场景类型，针对音频的错误执行一些非破坏性的修复工作。

NOTE ▶ 在后续的剪辑工作阶段，你也可以为一个片段或者多个片段进行转码，或者进行分析。

视频：
- 将文件夹导入为关键词精选
- 移除下拉
- 针对颜色平衡进行分析
- 查找人物
  - 合并人物查找结果
  - 在分析后创建智能精选

▶ 将文件夹导入为关键词精选：将文件夹名称作为关键词，并按照Finder中的文件夹层次排列。在第3课中将会讲解这部分内容。

▶ 移除下拉：针对使用了特殊帧记录格式的视频文件。

▶ 针对颜色平衡进行分析：根据该分析可以通过单击即在整个片段内实现颜色修正。在第4课和第7课中将会讲解这部分内容。

▶ 查找人物：分析片段的拍摄场景，探测画面中的人脸（第3课）。

▶ 合并人物查找结果：每个片段按照每两分钟的时间长度平均计算查找人物。

▶ 在分析后创建智能精选：利用查找人物的分析结果创建出智能精选（第3课）。

音频：
- 分析并修正音频问题
- 将单声道隔开并对立体声音频进行分组
- 移除静音通道

▶ 分析并修正音频问题：非破坏性地修复严重的音频问题，比如电频的嗡嗡声和背景中隆隆的噪声。

▶ 将单声道隔开并对立体声音频进行分组：确定源媒体音频通道的配置方法。

在第3课中你还将学习有关片段排序和创建元数据的方法。

练习
应用媒体导入选项

至此，你已经了解了"媒体导入"对话框中各个选项的含义。下面继续摄像机中片段的导入工作。

1 在单击"导入所选项"按钮后，会弹出"媒体导入"选项对话框。

这些选项用于确定存储的位置、指定事件和资料库、配元数据，以及源媒体的分析。

在练习2.2.1中已经创建了用于剪辑这个项目的资料库和事件。现在就可以将片段和源媒体文件添加到这些容器当中了。

2 如果需要，从"添加到现有事件"的弹出菜单中选择Lifted资料库中的GoPro。

这样，你已经指定导入操作创建一些片段，放置在GoPro事件中，并令这些片段来代表相应的源媒体文件。接着，你需要告诉Final Cut Pro在哪里存储这些源媒体文件。

3 如果需要，在"媒体存储"选项区域的"将文件拷贝进"弹出菜单中选择"Lifted资料库"选项。

源媒体文件会被放在Lifted资料库中，这就是被管理的模式。源媒体文件将从SD卡上被复制到资料库的GoPro事件中。由于使用了被管理的媒体模式，你唯一需要注意的就是在存放该事件的磁盘宗卷中是否有足够的剩余空间可以用来容纳这些源媒体文件。

4 取消对其他转码或者分析选项的选择。单击"导入"按钮。

在这部分练习中要使用的媒体文件不需要进行自动分析。之前也讲到过，你可以在任何需要的时候再进行分析，或者进行转码。

在开始导入的时候，请注意：

- 在导入进行时，"媒体导入"对话框会自动关闭。
- 在浏览器中的片段会显示为一个小的秒表的样子。
- 针对新导入的片段，可以进行扫视，或者进行剪辑。
- 在事件资料库中还会出现几个额外的项目。我们将在第3课中进行讨论。

参考 2.5
从一个磁盘宗卷导入

在一个项目中，如果你与其他人一起工作，那么很可能你会得到一个包含源媒体文件的硬盘，或者你会通过电子邮件/FTP共享文件夹来获得这些文件（而不是从原始的摄像机存储卡上）。甚至，你也可能通过网盘来获得一段最新新闻的视频文件。对于导入来说，任何文件都必须是Final Cut Pro所能识别和播放的文件格式。

NOTE ▶ 在本书的附录B中，以及苹果Final Cut Pro的技术规格网页上都列出了相关的文件格式的信息。

从磁盘宗卷中导入的方法与从存储卡中导入的方法很相似：

- ▶ 加载磁盘宗卷。
- ▶ 在Final Cut Pro中，单击"媒体导入"按钮。
- ▶ 在"媒体导入"窗口的边栏中选择该设备。
- ▶ 在浏览器中找到需要导入的文件。
- ▶ 选择文件，然后单击"导入所选项"按钮或者"导入全部"按钮。
- ▶ 在导入选项对话框中，唯一与SD卡的区别就是允许将文件保留在原位。

另外一个明显的区别是：在浏览器窗口中，如果浏览的是磁盘宗卷，那么就只能按照列表的方式显示文件。

将文件保留在原位

在通过SD卡导入素材的时候，将"文件拷贝进"是唯一的选择。Final Cut Pro要求你必须将SD卡上的媒体文件复制到某个连接的磁盘宗卷上。这个强制进行的方法的目的很明确，就是避免出现离线片段的问题——当你将SD卡从计算机上弹出后，如果片段是引用自SD卡上的媒体文件，那么这些片段就会变为离线片段。

如果你是从某个磁盘宗卷上导入源媒体文件，那么Final Cut Pro就允许你复制这个文件，或者不进行复制。假设这个磁盘是别人的硬盘，你肯定是需要进行复制的（而不是将文件保留在原位），因为在导入完成后，你需要将磁盘还给别人。如果源媒体文件位于一个共享文件夹中，在你需要将它们放在一个移动硬盘上的时候，也只能进行复制。当你要复制源媒体文件，你可以选择复制到托管的媒体文件夹或外部媒体文件夹（此内容将在参考2.4中介绍）。

另外一个可选项就是让文件保留在原位，它不对媒体文件进行复制，而是创建一个对应于当前文件的引用。这种被称为外置媒体的模式很适合剪辑师与多人共享一个存储环境。这样，在不需要重复创建相同文件的前提下，多个剪辑师可以在一个工作组中同时使用相同的源媒体文件。

除了文件管理方法不同之外，从磁盘宗卷上导入媒体文件的方法与从摄像机存储卡上导入的方法基本上是一样的。

▶ 使用引用

在使用外置媒体的管理模式的时候，源媒体文件是不会被复制到资料库中的。实际上，在事件中会创建一系列对应于源媒体文件的引用文件（替身、快捷方式）。源媒体文件本身可以存放在任何一个可以被访问得到的磁盘宗卷上。这种外置媒体模式不仅适合多个剪辑师协同工作的环境，也同样适合单独一个人工作的剪辑师。

练习 2.5.1
从一个磁盘宗卷导入现有的文件

在这个练习中,你将导入文件,保持它在原位,并进行适当的管理。下面导入一些B-roll文件和音频文件。

1 单击"媒体导入"按钮,或者按【Command-I】组合键。

这时会打开"媒体导入"对话框。下一步将要导入这些已经下载好的文件。

2 找到在第1课中放置这些下载好的文件的文件夹。

文件夹的位置可能在某个外置磁盘宗卷上,或者"文稿"文件夹中,或者在你的桌面上。在FCPX MEDIA文件夹中包含需要导入的媒体文件。

3 在FCPX MEDIA文件夹下的LV1文件夹中,打开LVImport文件夹,并查看其中的内容。

4 选择LV Import文件夹,单击"导入所选项"按钮。

5 在弹出的对话框的上方,选择"创建新事件,位于"单选按钮,然后在弹出菜单中选择"Lifted资料库"选项。输入Primary Media作为事件的名称。

你可以选择任何一个事件和资料库用于管理这些媒体文件。与之前一次的导入练习不同,这次是从一个硬盘中导入,而且不会把源媒体文件复制到资料库中,只要保持对该硬盘能够随时访问即可。

6 在"媒体储存"选项区域,选择"让文件保留在原位"单选按钮。

另外一个与之前的练习不同的是,这次你将会导入一个媒体文件的文件夹。Final Cut Pro可以将文件夹与文件夹的层次关系映射为关键词和关键词的层次关系。与OS X的标签类似,关键词是一种应用在片段上的元数据。通过关键词可以对相关的片段进行快速的排序和查找。当你的资料库中包含几百条甚至上千条片段的时候,关键词瞬间就变成一种超级强大的功能了。

7 在"视频"选项区域,选择"将文件夹导入为关键词精选"复选框。

NOTE ▶ 这个选项仅仅适合选择一个文件夹进行导入的时候。仅选择某个文件夹中的若干文件进行导入的时候,是不会创建关键词的。

8 单击"导入"按钮。

这时,"媒体导入"窗口会关闭,接着在Lifted资料库中会出现一个新的事件。

9 单击Primary Media事件的三角图标,展开显示其中所包含的内容。

练习 2.5.2
从Finder或者其他软件中拖动

你可以从Finder或者其他软件中将Final Cut Pro能够识别的文件直接拖到Final Cut Pro中。但是你需要首先了解在这样操作的同时,Final Cut Pro是如何应用导入的各种选项的,包括管理模式(被管理的,或者是外置媒体)、转码和分析。

1 选择"Final Cut Pro > 偏好设置"命令,或者按【Commnad-,(逗号)】组合键。

2 在"偏好设置窗口"中单击"导入"图标,进入"导入"偏好设置界面。

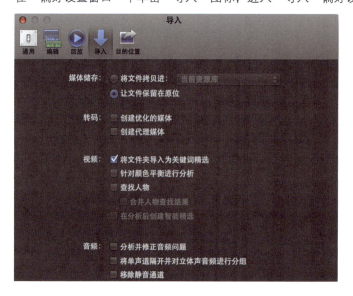

你一定觉得这个界面有些熟悉！由于将一个对象拖到一个事件中的操作会被视为一次导入操作，所以，导入选项会适用于这次操作。请注意，在标准的"媒体导入"窗口最上面的内容并没有出现在当前的窗口中。事件和资料库的指定是依靠你的拖动操作来完成的。

通过操作时光标的变化，你可以识别正在使用哪种导入方法。

- 在将一个对象拖到一个事件上的时候（或者某个事件中的关键词精选），如果光标带有一个加号，那么表示使用了"将文件拷贝进"的被管理媒体的模式。

- 在将一个对象拖到一个事件或者关键词精选的时候，如果光标带有一个拐弯的箭头，那么表示使用了"让文件保留在原位"的外置媒体的模式。

- 如果光标显示带加号，但是你临时希望按照"让文件保留在原位"的方法导入，那么就按住【Command-Option】组合键，然后再松开鼠标。
- 如果光标带拐弯的箭头，但是你临时希望按照"将文件拷贝进"的方法导入，那么就按住【Option】键，然后再松开鼠标。

现在，你已经将一些媒体文件导入到了Final Cut Pro之中。在熟悉了创建资料库和事件并导入文件的方法后，你就可以开始进行初期的剪辑工作了。但是，在第3课中，我们将会先学习一些管理片段的技术，以便在剪辑中快速地找到需要使用的片段。

课程回顾

1. 哪个是最大的媒体容器，片段、事件还是资料库？
2. 在事件中管理组织片段和项目的主要分类策略是什么？
3. 内置的备份摄像机媒体文件的命令是什么？如何操作？
4. 摄像机归档文件应该被存储在什么地方？
5. "媒体导入"窗口中有哪两个显示模式？在哪种情况下可以使用这两个显示模式？
6. 在"连续画面"视图中如何设定缩放滑块，才能将每个片段显示为单一的缩略图？
7. 在一个片段中标记出多个选择范围的快捷键是什么？
8. 在"媒体导入"选项的对话框中，哪两个部分用于设定按照被管理或者外置媒体的方法处理片段？

A

B

9. 如果选择了创建优化的媒体，那么Final Cut Pro X将会把导入的媒体转换为哪种编码格式的文件？
10. 在你从iPhoto软件中将一个对象拖到一个事件中的时候，如何控制将该对象复制（或者不复制）到Final Cut的事件中？
11. 若你需要导入一些存放在文件夹中的媒体文件，通过哪个选项的设定可以允许你在导入的时候将文件夹的层次结构作为事件的关键词？

答案

1. 资料库是最大的一种媒体容器。
2. 你可以自行决定策略，比如一个影片的某个场景、一段新闻节目、网络视频短片、视频库、SD卡上的原视频及项目的各个版本等。事件可以很灵活，它可以包容所有需要的媒体和项目，也可以通过分类包容不同的媒体和项目。
3. "创建归档"命令会为当前源媒体设备创建一个完全一模一样的备份，包括文件夹结构及与媒体文件相关的元数据。
4. 摄像机归档文件可以存储在任何地方。但是为了真正的安全，它应该存放在与当前剪辑所使用的媒体文件完全不同的一个磁盘上。否则，一旦这个磁盘损坏，归档文件与剪辑用的媒体文件就会同时无法使用了。
5. 连续画面和列表。在通过摄像机存储卡导入的时候，可以使用这两种视图模式。在其他情况下，只能使用列表视图。
6. 拖到"全部"的位置上。滑块的时间数值是指片段中每个缩略图所代表的时间长度。
7. 【Command-Shift-I】和【Command-Shift-O】组合键。在扫视的时候按住【Command】键也可以标记出一个选择范围。
8. 选择"将文件拷贝进"单选按钮会创建被管理的媒体，选择"让文件保留在原位"单选按钮则是创建引用媒体。
9. Apple ProRes 422。
10. 选择"Final Cut Pro > 偏好设置"命令。
11. 将文件夹导入为关键词精选。

第3课
整理片段

在64位的OS X和Final Cut Pro之中，你可以在媒体导入完成之前就开始剪辑工作。无论你是选择了被管理的媒体模式，还是选择外置媒体的管理模式，Final Cut Pro都会首先从媒体文件当前所在的位置读取这个媒体文件的数据。实际上，在导入开始的瞬间，Final Cut Pro的资料库窗格中就会出现一些片段了。如果选择了复制文件，那么在文件复制完成后，Final Cut Pro会自动切换到重新复制好的媒体文件那里读取数据。多数剪辑师都会在开始真正的剪辑操作之前，对片段进行一些必要的整理工作。对于长期进行剪辑工作的剪辑师来说，必须找到一种高效地整理成百上千条片段的方法。

学习目标

▶ 为片段和片段范围分配关键词
▶ 利用关键词搜索和筛选片段
▶ 批量修改片段名称
▶ 为片段添加注释和评价
▶ 创建智能精选
▶ 侦测片段中的人物和场景
▶ 理解和分配角色

在你不得不花费大量时间查找一个片段的时候，剪辑的节奏感与讲述故事的想法都会被迫中断。假设你正在剪辑新闻类的节目，浪费掉的时间就好像你正在剪辑昨天送来的素材。尽管Final Cut Pro允许用户在导入开始的时候就直接进行剪辑，但更可能的工作方式是对片段进行适当的整理，以便在日后能够快速找到或反复使用这些片段。

针对这样的工作，元数据是Final Cut Pro高效率与创造性剪辑的关键因素。在本课中将会讲解整理片段的各种方法，这些剪辑开始前的工作将会有助于你更好地讲述你的故事。

参考 3.1
熟悉资料库、浏览器和检视器窗格

在第2课中，你将媒体导入到了一个资料库的事件中。实际上，资料库是可以放置在任何一个连接在计算机上的磁盘宗卷中的。事件中的片段所代表的源媒体文件既可以被存储在事件内部（被管理的媒体），也可以放在资料库的外面。无论媒体使用的是哪种管理模式，你现在都可以开始关注在Final Cut Pro的界面中使用这些片段了，而无须太多顾及在Finder中它们是如何存在的。Final Cut Pro内置了一些工具，这些工具直接在软件内就可以管理片段，甚至是它们的存储位置。这样，剪辑师就可以全神贯注地进行手头的剪辑工作了。在剪辑工作流程中，剪辑师应该在必要的时候迅速地找到对应的片段。因此，让我们先来熟悉一下3个主要的窗格：资料库、浏览器和检视器。

在资料库窗格可以看到被打开的资料库，以及与它们相关联的事件。在导入片段和进行一些分析操作的时候，Final Cut Pro会收集每个片段的元数据，也可以为具有相同元数据的片段创建精

选。你可以结合你自己的剪辑工作流程，利用这些元数据来分析片段内容，为片段分组。

在浏览器窗格中显示了这些容器中的内容。你可以扫视片段内容，选择它们，或者进行范围选择。在浏览器窗格中包含排序和整理片段的强大功能。此外，你还可以创建复杂的精选，将其存储在事件中，以便日后重复使用。

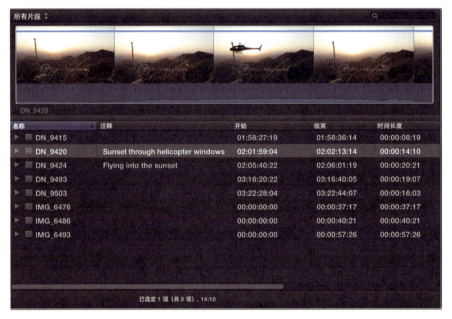

在检视器中可以观看到视频的画面内容。当你在浏览器中扫视一个片段的时候，片段的内容会显示在检视器中。在按下【J】、【K】、【L】键后，片段内容也会在检视器中进行播放。Final Cut Pro可以将检视器窗格移动到计算机外接的另外一个显示器上。借助OS X和Apple TV，你还可以通过无线的方式将检视器镜像到一个更大的显示设备上进行观看。

你将利用这3个窗格来处理片段的元数据。尽管这些管理工作仍然不是实际的剪辑操作，但是与传统的片段管理方式（比如特殊的文件名，以及一些附加的注释信息）相比，基于元数据的片段管理会极大地提高你的工作效率。

参考 3.2
关键词的使用

关键词可以应用到片段上,通过关键词可以减少你搜索该片段的时间。选择合适的关键词可以帮助你定位所有与之相关的素材内容。但是,如果一个关键词过于独特,仅仅能反映出单独某一个素材片段的一点点内容的时候,这种关键词的意义就不大了。你应该直接修改片段的名称,这样效率反而更高。

你可以为整个片段分配某个关键词,也可以为片段中的部分内容分配关键词。比如,一个片段包含一架直升机从起飞到降落的全过程,那么你就可以为它分配3个关键词:

- ▶ 直升机:应用到整个片段上。
- ▶ 起飞:仅仅应用到片段开始的部分中。
- ▶ 降落:仅仅应用到片段结束的部分中。

为一个片段所分配的关键词的数量是没有限制的。在分配关键词的时候,不同关键词所覆盖的片段内容也是可以叠加的。这样,就为你的片段的排序和筛选等管理工作带来了极大的便利。一个关键词不是一个子片段,也不是一个嵌套的片段,它不会造成任何出现重复片段的问题。针对一个片段来说,Final Cut Pro仅仅会链接到一个源媒体文件上。无论一个片段有多么复杂的内容,导致你为它分配了多少许多关键词,Final Cut Pro都只会去访问该片段的源媒体文件。

当关键词是你手动分配给片段的时候,在片段的连续画面的上方就会出现一条蓝色的横线。

如果使用"列表"的方式观看事件中的片段,那么单击片段名称左边的小三角,就会看到该片段所包含的关键词。

单击列表中的任何一个关键词,都可以快速地选择到该关键词被应用到的片段中的一个范围。单击连续画面中的蓝色横线,也可以达到相同的目的。

分析关键词与手动分配的关键词不同,分析关键词是通过媒体导入选项对话框中的分析选项生成的。在媒体导入选项对话框和"导入"偏好设置窗口中,你可以确定在导入操作中是否使用这些分析工具。或者,你也可以在剪辑过程中,随时要求对某些片段进行分析。

无论是自动生成的,还是手动设置的,关键词都会在资料库窗格中以关键词精选的方式组织片段。关键词精选类似于一个文件夹,其中显示出带有这个关键词的片段或者片段的一部分。在下面几个练习中,你将会发现利用关键词的无损管理方式是提高剪辑效率的一个巨大进步!

练习 3.2.1
为片段分配关键词

在第2课中,你从磁盘宗卷中导入了一个文件夹中包含的媒体文件。在导入操作中,定义了该文件夹和子文件夹都将作为媒体的关键词。因此,在导入完成后,Lifted资料库中就出现了一些新的对象,它们就是Final Cut Pro分配给这些片段的关键词。下面,让我们检查一下这些关键词,并学习如何创建自定义的关键词。

> **NOTE ▶** 在媒体导入选项对话框中,将文件夹导入为关键词精选的选项,也同样适用于从Finder中向事件中拖动的操作。这个选项同样可以在"导入"偏好设置窗口中进行设定。

1 在资料库窗格中选择Lifted资料库中的Primary Media事件。

在选择这个事件后,Final Cut Pro会显示出该事件中包含的片段。

2 在浏览器中单击"连续画面视图"按钮。

3 为了确保软件中所显示的片段的顺序与本书一致,请在"操作"菜单中(小齿轮的图标)选择"片段分组方式>无"命令,以及"排序方式>名称"命令。

4 将缩放滑块拖到"全部"的位置。

调整缩放滑块后，每个缩略图就代表一个单独的片段了。

5 请注意在浏览器下方的提示文字。

已选定 1 项（共 28 项），31:01

文字内容说明了当前资料库中被选择的对象的基本情况：目前，一共有28个片段，你选择了其中一个，被选择的某个片段或者多个片段的总时间长度是31：01。为了能够同时看到尽可能多的片段，让我们先调整一下浏览器的显示选项。

6 单击"片段外观"按钮，在其弹出菜单中，如果需要的话，取消选中"显示波形"复选框。

7 将"片段高度"滑块向左拖动，减小缩略图的高度。

在拖动后，需要松开鼠标，才能看到调整后的效果。

8 为了看到更多的片段，将浏览器和检视器之间的分隔栏向右拖动。

另外，还可以从界面上将资料库窗格折叠（隐藏）起来。

9 在资料库窗格，单击"隐藏资料库"按钮。

现在，界面上有了更多的空间来观看片段。但是，在本练习中，你必须要打开资料库窗格。

10 单击"显示资料库"按钮，打开资料库窗格。

为一个片段或者多个片段添加一个关键词

在Primary Media事件中包含28个片段，在关键词精选中分别罗列了被分类后的一些片段。Final Cut Pro是根据第2课中的导入操作来创建这些关键词精选的，它们来源于源媒体文件当初存放位置的文件夹结构。这些精选很有助于我们对片段的组织和管理工作。在此基础上，我们再多设定几个精选。

1 在资料库窗格中选择关键词精选5D-7D，观看其中的内容。

这时，浏览器中的内容会自动更新，显示出具有5D-7D关键词的23个片段。这里有一些B-roll和采访的片段。我们将为采访片段创建关键词，以便在后面的第4课中能够快速地找到它们。

2 在关键词精选5D-7D中，单击选择第一个采访Mitch的镜头，他是H5 Productions的老板，也是该公司的驾驶员。

3 可以按【Shift】和【Command】组合键，或者单独按它们，以便将Mitch的所有采访镜头都选中。

   此时，浏览器会发现你已经选择了6个片段，总的时间长度为2分47秒。下面，我们通过关键词编辑器创建一个新的关键词，令这些片段被分配到新的关键词精选中。

4 在工具栏上单击"关键词编辑器"按钮。

   这样，就打开了关键词编辑器HUD（平视显示器）。

   在关键词编辑器中已经包含了两个关键词：5D-7D和LV Import。关键词就是片段的一种元数据信息，在Final Cut Pro中，一个片段可以被分配多个关键词。其结果是，一个片段出现在多个关键词精选中。但实际上，在磁盘宗卷上，该片段并没有被复制为多个片段。下面，我们来为这些音频片段添加几个新的关键词。

5 在关键词编辑器中，输入Interview，按【Enter】键。

   现在，关键词编辑器中多了一个Interview的关键词。在Primary Media事件中也增加了新的Interview的关键词精选。

6 在资料库窗格中，选择最新创建的关键词精选Interview。

   浏览器中会显示出被分配了关键词Interview的6个片段。稍后，在第4课中进行剪辑的时候，你将会通过这个关键词精选找到这些片段。

7 下面，花一点时间浏览一下Primary Media事件中的其他关键词精选。
   ▸ 每个关键词精选中的片段数量。
   ▸ 在每个关键词精选中都包含了哪些片段。

移除一个关键词

你可能注意到了，在关键词精选LV Import中包含28个片段。这说明，该关键词精选的作用与事件的完全一样。因此，这个关键词就没有存在的意义了。然后我们将关键词LV Import从这28个片段中删除。幸运的是，我们并不需要一个片段一个片段地进行操作，才能删除每个片段上的关键词。

1 在Primary Media事件中，按住【Control】键单击关键词精选LV Import，然后在弹出的快捷菜单中选择"删除关键词精选"命令，或者按【Command-Delete】组合键。

这样，该关键词精选就被删除了。而且，之前相关的片段仍然保留在事件中，也保留在其他对应的关键词精选中。由此可以看出，你可以为片段增加关键词信息，也可以随时删除片段中的关键词。

将片段添加到一个关键词精选中

下面这个练习与之前的为音频片段添加关键词Interview的效果相同。但是这次我们是先创建关键词精选，然后再将片段拖到精选中，以达到分配关键词的目的。

1　在资料库窗格中，按住【Control】键单击Primary Media事件，然后选择"新建关键词精选"命令。

这样，就创建了一个未命名的关键词精选。

2　输入B-roll作为关键词精选的名称，按【Enter】键。

当前，这个关键词精选中没有任何片段。下面，我们将一些片段拖到这个关键词精选中。

3　在事件中，选择关键词精选5D-7D。

4　在关键词精选5D-7D中选择第一个B-roll片段，然后按住【Shift】键单击最后一个B-roll片段。

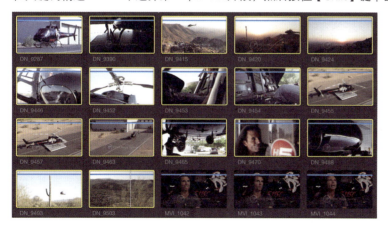

这样，在这个关键词精选中，就选择了不包括Mitch的采访的其他所有片段。

5 将选择好的片段拖到资料库窗格中的关键词精选B-roll中。当关键词精选B-roll高亮显示的时候，松开鼠标。

6 单击选择关键词精选B-roll，确认其中已经包含了相应的片段。

现在，这17个片段同时存在于两个不同的关键词精选中，但是其源媒体文件并没有进行过任何新的复制。你可以通过关键词B-roll或者关键词5D-7D搜索找到这些片段。稍后，你将学习如何通过多个条件创建一种复杂的搜索方法。

使用键盘快捷键添加关键词

在Final Cut Pro中，完成某个任务的方法通常不止一个。在下面的练习中，你将学习如何在关键词编辑器中通过键盘快捷键为片段分配关键词。

1 在关键词编辑器HUD中，单击"关键词快捷键"选项左边的三角。

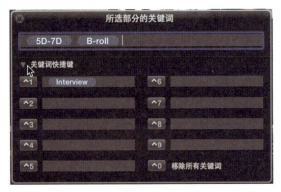

这里已经显示出了键盘快捷键所对应的关键词信息。你将清除这些现有的信息，然后再进行后续的操作。清除关键词的快捷键不会影响到任何现有的关键词或者关键词精选。但是在HUD最上面的栏目中进行修改后，则会影响到对片段关键词的分配。

2 在"关键词快捷键"选项组,删除所有现有的快捷信息。单击某个关键词,然后按【Delete】键。

NOTE ▶ 在删除之前,请不要按下【Control-0】组合键,或者使用这个键盘快捷键。否则,当前被选择的片段所具有的所有关键词都会被移除。

3 按照下表,为每个键盘快捷键指定对应的关键词信息。
- ▶ Control-1 B-roll
- ▶ Control-2 Hangar
- ▶ Control-3 Pre-Flight
- ▶ Control-4 Takeoff
- ▶ Control-5 In Flight
- ▶ Control-6 Landing
- ▶ Control-7 Flight Controls

这样,"关键词快捷键"选项组就类似于下图所示。

使用这些新的键盘快捷键,你可以迅速地为一个片段或者多个片段分配关键词。

4 在关键词精选5D-7D中,选择DN_9390、DN_9446和DN_9452。

这些片段既是B-roll片段,也是起飞前(Pre-Flight)的场景片段。通过关键词编辑器HUD中的按钮或者按【Control-3】组合键可以快速地为它们分配关键词Pre-Flight。

5 按【Control-3】组合键,为这些B-roll片段分配关键词Pre-Flight。

这样,片段所具有的关键词就包括了Pre-Flight。由于你是第一次分配这个关键词,因此在资料库窗格的Primary Media事件中就会新出现一个关键词精选Pre-Flight。

6 使用同样的方法，为片段分配关键词，如下表所示。

NOTE ▶ 在这里会忽略几个片段，暂时不分配关键词。

关键词精选：5D-7D

Clip	Hangar	Pre-Flight	In Flight	Landing	Flight Controls
DN_9287*		X			
DN_9390	X	X			
DN_9415			X		
DN_9420			X		
DN_9424			X		
DN_9446		X			
DN_9452		X			
DN_9453		X			
DN_9454		X			X
DN_9455		X			
DN_9457		X			
DN_9463*		X			
DN_9465	X	X			
DN_9470	X	X			
DN_9488	X	X			
DN_9493			X		
DN_9503			X		

*这个片段中的画面内容适合按照其范围分配不同的关键词。在稍后的练习中将会学习如何进行操作。

关键词精选：iPhone

Clip	Hangar	Pre-Flight	In Flight	Landing	Flight Controls
IMG_6476			X		X
IMG_6486			X		
IMG_6493			X		X

至此，在Lifted资料库的Primary Media事件中的片段都处理完毕。请注意，我们还将一些GoPro的片段导入到了GoPro事件中。

批量修改摄像机片段的名称

现在，资料库中的片段已经得到了更新，根据画面内容中直升机的状态，这些片段被分配了相应的关键词。在继续为新的片段分配关键词之前，我们先要处理一下片段文件名的问题。Final Cut Pro在导入媒体文件的时候使用了拍摄这些片段的日期和时间作为片段的名称，虽然这对于避免文件重名很有好处，但是在协同工作的环境中，很多制作人或者客户更习惯于使用带有摄像机名称的片段文件名。在下面表格中的文件名是摄像机生成的文件名，所以，你需要看到每个片段的原始名称。

1 在资料库窗格中选择GoPro事件。

2 在浏览器中选择一个片段，按【Command-A】组合键，选择所有GoPro的片段。
3 选择"修改 > 应用自定名称 > 来自摄像机的原始名称"命令。

这样，片段的名称会变为原来摄像机生成的名称。接着，你就可以继续为这些GoPro拍摄的B-roll片段分配关键词了。

NOTE ▶ 你可能需要单击浏览器空白位置，以便浏览器更新显示。

事件：GoPro

Clip	Runup	Hover	Takeoff	In Flight	Landing
GOPR0003 (1st)	X				
GOPR0003 (2nd)			X		
GOPR0005		X	X		
GOPR0006	X	X	X		
GOPR0009					X
GOPR1857				X	
GOPR3310			X		

为一个片段分配多个关键词的操作是非常简单的，而且关键词的数量也没有限制。从目前分配关键词的工作来看，这并没有为你节省大量时间。每个剪辑工作的具体情况不同，所以对关键词设定的细致要求也会不同。在Final Cut Pro中，你可以精确地控制所需要的关键词的数量。

练习 3.2.2
为片段中的一个范围分配关键词

在练习 3.2.1中，你已经为一些片段分配了关键词。这个操作不仅限于片段的全部时间长度。关键词可以被分配到片段中的某一段范围之上。在这个范围内，可以根据需要分配多个关键词，在数量上也没有任何限制。

1 在资料库窗格中选择关键词精选B-roll。
2 选择片段DN_9287，扫视观看片段的内容。

NOTE ▶ 在后面的课程中，你需要对这个片段进行颜色上的调整。

该片段可以被分为两个范围：直升机在起降台上和直升机起飞。你可以通过两个关键词来区分这两个范围。

3 再次扫视片段DN_9287，设定从片段开始的地方到直升机起飞前作为第一个范围。

这个范围的时间长度大概是18秒。你将为其分配Ramp的关键词。由于之前没有使用过这个关键词，所以需要在关键词编辑器中手动添加这个新的关键词。

4 在关键词编辑器（按【Command-K】组合键打开）中输入Ramp，按【Enter】键。

这样，该关键词就被分配到了当前选择的范围上。同时，在Primary Media事件中也新增了一个Ramp关键词精选。

5 在资料库窗格中选择关键词精选Ramp，扫视片段DN_9287。

请注意，在这个片段中不包括直升机起飞的镜头。在浏览器中仅仅能看到该片段中直升机在起降台上的部分内容。或者，你也可以将这部分带有关键词的片段称为子片段。

6 在关键词精选B-roll中观看片段DN_9287的全部内容。

7 在该片段上标记出一个新的范围，从直升机起飞开始，一直到该片段的结尾。

之前，你已经为一些关键词创建了键盘快捷键，包括对应于Takeoff的【Control-4】。

8 按【Control-4】组合键，为片段的这个范围分配关键词Takeoff。

9 在资料库窗格中选择关键词精选Takeoff，然后扫视片段DN_9287。

你注意到了吗？在之前的练习中，你为整个片段分配了关键词5D-7D、B-roll和Pre-Flight。当你操作片段的某个范围的时候，分配到其他范围上的关键词，或者片段整个时间长度的关键词没有显示在关键词编辑器中。但是这里有另外一个方法可以同时显示出某个片段上的所有关键词。

在列表视图中查看关键词

在列表视图中，分配到某个片段上的所有关键词都是可见的，这不会再受到你选择的片段范围的限制。

1 在浏览器中单击列表显示的按钮。如果需要，单击片段DN_9287名称左边的三角。

请注意，某些关键词显示在了同一排。这表示它们被分配到了片段中相同的内容上。通过右边的开始点与结束点的时间信息可以做出更好的判断。

仔细观察关键词的开始点和结束点的时间数值。在列表中，你可以同时看到某个片段的所有关键词。而且，通常并不需要观看到某个片段的所有内容。

2 选择关键词精选Ramp，选择在片段下方列出来的关键词5D-7D、B-roll和Pre-Flight。在片段的连续画面上扫视，确认这里没有直升机起飞的画面。

3 检查带有这些关键词的片段范围的开始时间和结束时间。对比上面一行DN_9287片段中的开始时间和结束时间。

可以看到，时间范围是不同的。此刻，你指定的是观看由关键词Ramp定义的片段范围，所以，片段的开始时间、结束时间与关键词Ramp那一行是一致的。

4 在资料库窗格中选择关键词精选B-roll，然后在浏览器中再次扫视观看片段DN_9287。

这时，你可以看到该片段的全部内容了。注意观察片段的开始时间与结束时间，它们与关键词B-roll的开始时间与结束时间是一样的。

表面上看这些练习像是Final Cut Pro的一些琐碎功能，但是它实际上表达了一个重要的概念：在你开始剪辑工作之后，Final Cut Pro并没有子片段的限制；如果通过关键词精选等元数据信息来查找和观看浏览器中的片段，你可以直接看到与关键词相关的片段内容，而无须再次分辨哪些是需要观看的，哪些是与当前剪辑对象无关的。

现在，我们再为另外一个片段DN_9463分配关键词Ramp和Takeoff。与之前的范围类似，直升机在起降台上和起飞。

5 在片段DN_9463内创建两个选择范围，分别分配对应的关键词。

▶ **是否需要极度精确?**

在Final Cut Pro中创建这些通常被称为子片段的对象的时候，你并不需要精确地设定开始点和结束点。在剪辑这些子片段的时候，实际上访问的是它所引用的源媒体文件。这时候，由于你可以使用原始片段的全部时间长度，所以这里根本没有任何所谓的"子片段的限制"。

练习 3.2.3
为片段添加注释

关键词是一种非常强大功能，但之前也讲过，关键词适合用于标注具有相同属性的多个片段。关键词精选中也通常是包含多个片段的。如果某个片段具有其他片段所没有的特殊属性，那么可以通过注释来进行定义。在浏览器的"注释"栏中可以查看和添加注释。在信息检查器中也可以访问和对注释进行操作。

1 如果需要，在资料库窗格中选择关键词精选B-roll。

   这里显示了所有B-roll片段。

   如果某些B-roll片段能够具有描述它本身内容的一些文字信息，那就再好不过了！这些文字可以被搜索，可以在成百上千的片段中迅速地找到与文本内容相关的某一个片段。

2 如果需要，将浏览器设定为列表显示，找到片段DN_9390。

3 扫视该片段，观看其内容。

在这个片段中，开始部分是黑的，机库的门是关着的。接着是门被飞行员Mitch打开，他走到直升机前稍做检查的镜头。Final Cut Pro允许你为片段添加很多信息，因此，让我们用短小精炼的文字来作为该片段的注释内容。

4 在列表视图中，向右卷动窗口，找到"注释"栏。

由于你会频繁地使用栏，因此让我们将它向左边移动，令其更靠近"名称"栏。

5 拖动"注释"栏的最上部，将它移动到"名称"栏的旁边。

现在，你可以针对片段中特定的范围为其增加注释信息。你不仅可以为整个片段添加注释，也可以为关键词限定的片段范围添加注释。

6 在DN_9390横栏的"注释"上单击，显示出文本输入框。

7 在文本框内输入Hangar door opens; Mitch enters L crossing R to preflight camera，然后按【Enter】键。

如果你不能同时看全所有的文字内容，那么可以使用下面这个方法。

8 将光标放在注释的文本上，但不要单击。

这时会出现帮助标签的信息，显示出注释中的全部文字内容。

在信息检查器中查看注释

与其他很多苹果的应用程序一样，在检查器或者信息窗格中可以显示出片段详情。这些信息可能远远超过你所希望了解的范围，其中包括很多在剪辑过程中并不需要关心的内容。在本例中，信息检查器中有一个更大的文本框，更便于输入和检查注释的内容。

1 在浏览器中，确认选择了片段DN_9390。

2 单击"检查器"按钮。

在检查器窗格的上方有4个按钮。

3 单击"信息"按钮，打开信息检查器。

在这里可以看到片段的基本信息及详情，包括片段的名称、格式的详细信息（如帧尺寸、帧速率、时间长度和音频采样率等）。在"名称"栏下面就是"注释"栏，你可以检查之前输入的注释信息。在这里也可以直接输入或者修改注释信息。

4 将"注释"栏中的信息修改为Hangar door opens; Mitch L-R; camera preflight。单击"注释"栏外面的地方，结束这次修改操作。

5 现在你已经学习了两种输入注释的方法，请随意使用这些方法，输入以下片段注释。

   ▶ DN_9420: Sunset through helicopter windows。
   ▶ DN_9424: Flying into the sunset。
   ▶ DN_9446: Getting in; tilt-up to engine start。
   ▶ DN_9452: CU engine start。
   ▶ DN_9453: Pan/tilt Mitch and instrument panel。
   ▶ DN_9454: Flipping switches; pushing buttons。

- DN_9455: High angle (HA) Mitch getting in helicopter。
- DN_9457: HA helicopter starting; great start up SFX。

如你所见，注释信息的文本内容可以根据需求由你定制。

▶ **为片段的范围添加注释**

上面的练习是为片段的整体添加注释。此外，你也可以为片段的某个范围添加注释。比如你可以为采访片段的各个部分添加上不同的注释信息，甚至是采访本身的脚本内容。

参考 3.3
评价片段

你可能会觉得有了关键词和注释，已经足够日常使用了。但是Final Cut Pro依然有许多其他的元数据工具便于你组织和管理片段，其中之一就是评价系统。

评价系统包含3种可用的评价：个人收藏、无评价和拒绝。它既可以与现有的其他元数据一起使用，也可以单独进行。评价系统的原理很简单，所有片段在最初始的状态下都是无评价的。当你在浏览器中检查这些片段的时候，可以将其评价为"个人收藏"、"拒绝"或者保留其无评价的装填。另外，与分配关键词的操作类似，你也可以针对片段中的一个范围进行评价。

相对于关键词，有些剪辑师更喜欢使用评价。也有一些剪辑师混合使用这两种元数据工具，这样可以利用复杂一些的搜索条件更准确地找到需要的片段。这对于纪录片剪辑师就更加明显，因为他们经常需要从上百小时的采访片段中筛选、排序那些能够融入当前故事中的片段。

改善采访影片观看效果的方法之一就是加入合适的音频。传统上，剪辑师会找到一段合适的素材，并立即添加到时间线上进行剪辑。在Final Cut Pro中，你也可以进行同样的操作。但是，让我们来尝试一种效率更高的方法，通过扫视、选择开始点和结束点、进行评价，令本来可能费时费力的操作变得简单、快捷。

练习 3.3.1
应用评价

在练习2.5中，你导入了一些采访的片段。与所有导入的媒体文件都相同，它们包含一些可以使用的内容，还有一些无用的。在本练习中，你将使用评价系统来整理采访片段，创建一个可供搜索的sound bites组。

1 在资料库Lifted中，选择Primary Media事件中的关键词精选Interview。

浏览器中会显示出这些采访片段。请注意，为了制作适合本书使用的相对较小的文件，这些片段是预先从一个更长的片段中节选出来的。尽管如此，片段中仍然具有一些你不希望使用在最终影片中的内容。

▶ 切分采访片段

虽然传统的胶片摄影师和磁带摄影师仍然会考虑"迅速"地开始拍摄,但数字摄影师已经不需要这个词了,因为基于文件的摄像机录制技术允许你随时启动和停止视频的录制。在某些时候,你会使用预录制的设定,在真正需要拍摄的场景开始前就录制几秒画面。针对采访,快速地启动和停止录制可以将提问与回答直接以片段为单位分开,大大提高了后期整理片段的效率。

NOTE ▶ 如果你希望调整工作流程,那么请务必进行全面的测试,然后再实施到实际的工作之中。

2. 如果需要,将浏览器设定为列表显示。

   在下面的练习中,你需要将片段元数据作为操作的参考。

3. 如果需要,单击"名称"栏,直到片段按照其名称的字母顺序升序排列。

4. 在浏览器中选择片段MVI_1042。

这时,片段的连续画面显示在上方,你可以扫视检查其内容,并评价这个片段。

5. 从开头部分播放这个片段。

   在开始部分,Mitch坐在一个漂亮的背景前面接受采访,他说:"Flying is something I've had a passion for since I was a little kid."

6. 将光标放在Mitch说"Flying is"的前面一点。

你可以扫视到这个时间点上单击,以定位光标(播放头的位置),或者通过【J】、【K】、【L】键将播放头移动到这个时间点上。但是,一旦播放头到达该位置,你可能会需要一帧一帧地移动播放头,以便精确地对准该时间点。

7. 按左或者右箭头键,逐帧地移动播放头的位置。

   按左箭头键会令播放头向后(向左)移动一帧,按右箭头键会令播放头向前(向右)移动一帧。如果按住这两个键不松手,那么分别可以向左或者向右按照正常速度的1/3进行慢速播放。

   现在,已经设定好了开始点。此时,我们并不要求这个时间点的位置非常准确。但是,如果可能，尽量找到合适的时间点，会令后续的剪辑工作变得更容易。因此，让我们找到Mitch的眼睛是睁开的，但是嘴是闭上的这个时间点。

8 当播放头的位置合适后，按【I】键。

下面，让我们开始找结束点的位置。在Mitch说完"a little kid"后，就马上开始说下一句话了。因此，让我们尽量准确地找到这个结束点，虽然在后面剪辑的时候也可以重新调整它的位置。

9 将播放头放在Mitch刚刚说完"kid"，但是还没有说出下一个单词的地方。

在这里有一帧的暂停，你可以将播放头准确地放置在这个"静音"的帧画面上。Final Cut Pro的播放头是指向到某个帧画面的，意思是播放头停放的帧会被当作结束点，该帧右边的其他帧画面则会被修剪掉。

10 准确地放好播放头的位置，按【O】键设定结束点。

在选择好了片段范围后，就可以将其评价为"个人收藏"了，其操作仅仅需要单击一下。

11 单击工具栏上的"个人收藏"按钮（绿色五角星），或者按【F】键，将被选择的片段范围评价为"个人收藏"。

这样，在片段的连续画面上就会出现一段绿色的横条，表明该横条涉及的范围的评价是"个人收藏"。在列表视图中也会根据这个变化新增加一个元数据信息。

12 在列表视图中，单击片段MVI_1042左边的三角，展开显示片段的标签。

在这里出现了一个新的标签——个人收藏。它上面的关键词是Final Cut Pro自动分配给片段的。让我们在"注释"栏中添加一些信息，方便稍后的搜索工作。

13 在"个人收藏"的横栏上，单击"注释"栏，然后输入passion when kid，按【Enter】键。

好，现在已经对这个片段范围完成了标注的工作。接着是下一个片段MVI_1043。

NOTE ▶ 可以拖动"注释"栏与右边"开始"栏之间的分割线，以便给"注释"栏留出更多的空间。

14 在列表中选择片段MVI_1043，将播放头放在Mitch说完"One thing that is interesting"的地方。

此时，Mitch还嘟囔了一下，我们以后再处理这个问题。

15 将播放头放在Mitch说"Uhhh. One thing"的前面，按【I】键，为选择范围设定一个开始点。

16 在Mitch说完"Frame of what we're shooting. So…"的地方，设定一个结束点。

这里有个小技巧，因为Mitch很快将会连着说下一句话，所以，先将说"So"的部分包含在当前这个选择范围内。

17 按【O】键设定一个结束点。再按【F】键将这部分范围评价为"个人收藏"。

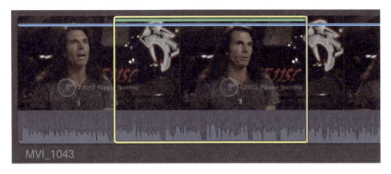

18 在"注释"栏中，为"个人收藏"输入注释信息：imagery technical pilot framing。

这个片段的末尾还有一段可以利用的内容，让我们把它也评价为"个人收藏"。

19 找到Mitch开始说"As I'm technically"的地方，设定开始点。

20 找到Mitch说完"experiencing. So…"的地方，设定结束点。按【F】键将这个范围评价为"个人收藏"。

在继续进行后面的工作之前，你需要了解一下更多有关评价的信息。

▶ **个人收藏并不总是你最喜欢的内容**

某些剪辑师发现，有些评价为"个人收藏"的片段，到最后并没有被应用到实际的影片之中。因此，他们认为给片段加上"个人收藏"是一种过了头的评价。另外一些剪辑师则认为，很多片段都可以具有个人收藏的评价，但是它们之间缺少更好与更差的分别。而通过现实工作中的一些流程可以发现，个人收藏片段的数量实际上几乎相当于传统剪辑流程中被挑选出来的放在时间线上的片段。在传统流程中，一旦片段被从时间线上删除，就很难再找回同样的片段了。而个人收藏的评价方法则可以随时调用完全相同的片段内容。

去除个人收藏的评价

那么，该如何清除个人收藏的评价呢？将其修改为"未评价"即可。请注意，每个片段在导入之后的默认的评价就是"未评价"。下面我们进行一些实际操作。

1 在资料库窗格中选择事件GoPro。

2 在浏览器中选择片段GOPR1857，按【F】键将其评价为个人收藏。

这样，在片段的连续画面中就会出现一个绿色的横条。

按【U】键，即可清除"个人收藏"的评价，恢复为"未评价"。但是先让我们了解一些更深入的问题。在当前这个片段中，后半部分中乘客拿着iPhone和iPad的视频是没有用处的。所以，让我们把这部分视频从个人收藏中去除。

3 使用【I】键和【O】键，将画面中有iPhone和iPad的部分标记为选择范围。

4 按【U】键，将评价恢复为"未评价"。

注意，在这个选择范围内，绿色的横线消失了。

拒绝片段

如果你对于某个片段是否能够用于影片剪辑非常肯定，那么可以使用"拒绝"来评价那些完全不可用的片段。按【Delete】键，就可以将其评价为"拒绝"的。但是不要担心，这并不会删除该片段，或者删除源媒体文件，而仅仅是为它们添加"拒绝"的评价，并可以将其隐藏起来。

NOTE ▶ 这里提到的【Delete】键是主键盘上大号的【Delete】键，而不是在全尺寸键盘上或者附加键盘上的小号【Delete】键。

1 在选择好片段GOPR1857中的范围后，按【Delete】键。

此时，被拒绝的范围从当前视图中消失了。

2 从头到尾扫视片段内容，可以发现，看不到iPhone和iPad了。

在默认情况下，浏览器会隐藏被拒绝的片段或者片段中的范围。让我们调整一下设置，令浏览器显示出所有的片段。

在浏览器的"过滤器"弹出菜单中可以看到，当前的设置是"隐藏被拒绝的项目"。

3 在弹出菜单中选择"所有片段"选项。

这样，刚才被拒绝的片段又都显示了出来。每个被拒绝的片段上都会有一条红色的横线。在列表显示视图中，可以注意到片段GOPR1857中有一段被拒绝的范围。

4 在浏览器的列表视图中单击片段GOPR1857。

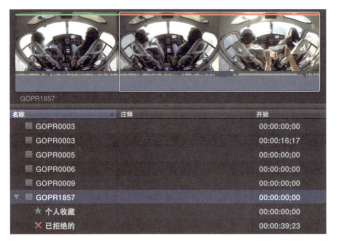

如果你希望取消对拒绝的片段的评价，该如何操作呢？首先，需要你选择之前被选择的范围。如果使用列表视图，操作就会简单许多。

5 在列表视图的GOPR1857中，选择"已拒绝的"选项。

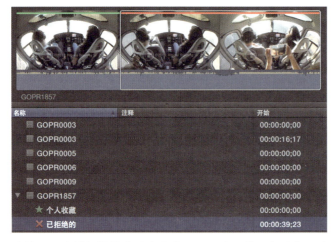

连续画面中被拒绝的范围会高亮显示，表示你已经选择了它。

6 按【U】键，将这个选择范围评价为"未评价"。

这样，已拒绝的项目也从列表中消失了。

如你在最后三步的练习中所看到的，拒绝一个片段或者片段范围并不会删除这个片段，你仍可以将它们恢复为默认状态。按【Delete】键的作用仅仅是为片段添加了一种评价的元数据。如果将浏览器设定为"隐藏被拒绝的片段"，那么可以仅仅显示对于你的剪辑有用的片段，更有助于你将注意力集中在讲述故事的操作上。

练习 3.3.2
自定义个人收藏

除了在"注释"栏中添加文字信息之外，你也可以将个人收藏这个标签的文本内容修改为你需要的内容。这种修改不会影响到片段的名称，它仅仅是在Final Cut Pro内部修改了片段的元数据。

1 在关键词精选Interview的列表中，找到片段MVI_1043的个人收藏。

2 单击第一个个人收藏的文本部分。

NOTE ▶ 单击文本内容中的第一个文字，然后进入编辑状态。

3 在文本框中，输入image in the frame，按【Enter】键。

4 把另外一个个人收藏的文本修改为technically flying in awe。

你已经添加了不少片段的元数据信息，这些工作将会在后面的剪辑过程中获得丰厚的回报！

添加更多的元数据

现在，你需要将其他的采访片段的元数据都进行一番整理。下面的表格中说明了片段范围的起点和终点的音频信息，以及每个片段范围需要输入的注释文字。如果你喜欢，还可以自定义每个个人收藏的文本内容。你可以使用连续画面视图或者列表视图，并结合检视器来完成练习。

关键词精选：5D-7D

片段	开始点	结束点	注释
MVI_1044	Start of clip	opener for me	new discovery
MVI_1045	Every time we maybe	see or capture	crest reveal don't know capture
MVI_1046	At the end of the day	adventure I went on	wow look what I saw
MVI_1055	The love of flight	uh, so (end of clip)	really the passion is

参考 3.4
搜索、排序和过滤

无论你使用了关键词、评价、注释来为片段添加元数据，还是组合使用了这3个工具，你都一定已经体会到了Final Cut Pro中有关元数据信息的主要组织方法。多年来，剪辑师们都试图通过片段的名称来定义尽可能多的元数据，但效果明显不理想。在现在的Final Cut Pro中，片段名称却几乎变成完全不重要的因素了。

Final Cut Pro的搜索、排序和过滤功能可以令剪辑师快速地查找摄像机分配给片段的元数据、Final Cut Pro元数据，以及用户添加的元数据。下表中是一些元数据类型的说明：

摄像机	帧速率	帧尺寸
录制日期	人物侦测	场景侦测
分析关键词	用户	评价
注释	关键词	片段排序

在"过滤器"弹出菜单中提供了一些最快速地进行片段排序的方法。

- ▶ 全部片段：显示当前资料库中的所有片段、时间和精选。
- ▶ 隐藏被拒绝的项目：仅仅显示评价为"个人收藏"和"未评价"的片段。
- ▶ 无评价或关键词：显示未评价的，或者是不具备任何关键词的片段。
- ▶ 个人收藏：仅仅显示评价为"个人收藏"的片段。
- ▶ 已拒绝的：仅仅显示评价为"拒绝"的片段。

"过滤器"默认的设置为"隐藏被拒绝的项目"，这样可以隐藏那些不需要的片段，仅仅显示针对剪辑工作有用处的信息。每个剪辑项目都可以有不同的查找最佳B-roll和声音片段的方法。比如，剪辑师可以先移除不需要用到的片段内容。或者，就像本课练习中的方法，你可以先选出个人收藏的片段。无论采用哪种方法，其结果都是令你最终得到了需要使用到影片剪辑中的片段。

搜索元数据

在浏览器的搜索栏中可以执行最基本的文本搜索。

这里输入的文本信息适用于以下元数据中所包含的文本：

- 片段名称。
- 注释。
- 卷。
- 场景。
- 拍摄。
- 标记。

进行过滤筛选

除了文本内容之外，搜索栏还有更多的功能。单击放大镜图标可以打开过滤器HUD，在HUD中单击加号按钮可以添加和设定更多的搜索条件。以下是在HUD中可以进行的筛选操作的小结：

- 文本：请参考上面"搜索元数据"部分讲解。
- 分级：显示个人收藏的或者是被拒绝的片段。
- 媒体：显示包含了音频的视频片段，仅视频、仅音频的片段，或者是静态图像的片段。
- 类型：显示试演的、同步的、复合的、多机位的片段，或者是分层的图形，或者是项目文件。

- 防抖动：显示具有强烈的摄像机抖动的片段。
- 关键词：显示包含任意一个或者所有指定的关键词的片段。

- 人物：显示包含了任意一个或者所有被选择的分析关键词的片段。
- 格式：显示在卷、场景、拍摄、音频输入通道、帧尺寸、视频帧速率、音频采样率、摄像机名称或者摄像机角度中包含指定文本的片段。

- 日期：显示指定日期或指定日期期间被拍摄的或者被导入的片段。
- 角色：显示被分配了特定角色的片段。

多数过滤器的规则允许针对搜索条件执行是或者否的搜索，比如不是、不包括等。此外，在过滤器窗口中还有另外一个设置。在窗口左上角的弹出菜单中可以选择"全部"或者"任意"选项。

- 全部：满足所有搜索条件的片段才会显示出来。
- 任意：只要满足任何一条搜索条件，该片段就会显示出来。

NOTE ▶ 选择"任意"选项之后，通常会得到比设置为"全部"得到更多的查找结果。

创建智能精选

与静态的关键词精选不同，智能精选是一种动态的精选。在关键词精选中仅仅包括那些手动添加了相应关键词的片段，而智能精选会按照其搜索条件的设定随时增减片段。

比如，在应用了分析关键词后，Final Cut Pro会根据对片段内容的分析为片段分配合适的关键词。之后，Final Cut Pro会创建智能精选来管理这些分析结果。在默认情况下，这个功能是关闭的，你可以在工作中随时开启这个功能。

当将新的片段导入到事件中后，符合智能精选条件的片段就会自动出现在该智能精选中。这种自动化的操作大大减少了整理事件中片段的工作量。剪辑师可以预先在空的事件中创建一些智能精选，然后把它们当作模板反复使用。

过滤器窗口的强大功能可以转化为一个智能精选，方法就是通过窗口右下角的"新建智能精选"按钮。

单击"新建智能精选"按钮就会创建一个智能精选，相当于把当前过滤器HUD中的搜索条件都存储了下来。

智能精选出现在资料库窗格中，位于当前的事件内。在资料库窗格中双击智能精选的图标，即可重新打开"过滤器"窗口，以便调整搜索条件。

练习 3.4.1
在事件中过滤片段

现在，你已经为片段添加了评价、关键词和注释等元数据信息，几乎可以开始具体的剪辑工作了。之所以说"几乎"，是你仍然需要通过搜索、排序和过滤片段元数据，以便在大量的片段中迅速找到最需要的采访片段和B-roll片段。

1 在资料库窗格中选择B-roll关键词精选。

在这个精选中包含一些B-roll片段，之前你已经为它们分配了关键词，添加了评价和注释。因此，通过过滤器HUD的设置可以轻松地找到相应的片段。

2 在浏览器的"过滤器"弹出菜单中选择"全部"选项。

3 在搜索栏中，单击放大镜图标，打开过滤器HUD。

好，下面我们通过HUD进行一次带有复杂搜索条件的设置。

4 在过滤器HUD的"文本"栏右侧的文本框中输入heli（这是helicopter的前几个字母）。

瞬间，浏览器就会更新显示搜索结果。它们包括当前精选中所有具备heli这4个字母的片段。下面，我们需要从中再找出所有使用了iPhone拍摄的片段。我们可以依靠关键词来设定搜索条件。

5 在过滤器HUD中，单击加号按钮，选择"关键词"选项，并同时观察浏览器中的变化。

此时，在浏览器中显示的片段并没有发生任何改变。因为这里的设置的意思是：显示所有包括heli文字信息的片段，以及具有以下任一关键词的片段。下面，让我们修改一下设置，缩小搜索范围。

6 在过滤器HUD中，在"关键词"弹出菜单中选择"包括全部"选项。

浏览器中所有的片段都消失了，因为没有任何一个片段满足既有文字heli，又被分配了所有关键词的条件。

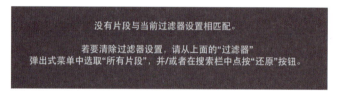

7 在关键词条件中，只保留对B-roll和iPhone的勾选，取消对其他所有关键词的选择。

现在还是没有任何搜索结果。但是，你肯定地知道，浏览器中必然有一些使用iPhone拍摄的B-roll片段。好，那么我们需要将iPhone拍摄的片段也标注为B-roll。

8 在资料库窗格中，选择关键词精选iPhone。

啊！在这个精选中的片段都不见了！到底发生了什么？请不要担心，当前浏览器的显示是受到了过滤器的控制。关键词精选iPhone中的片段没有任何一个是满足了过滤器搜索条件的，所以，什么都不显示。你需要先清除当前的搜索条件，然后再进行后续的操作。

9 在搜索栏中，单击带有小叉子图标的"还原"按钮，清除这里的所有搜索条件。

好，现在片段都显示出来了。目前，在关键词精选iPhone中的3个片段仅仅具有iPhone的关键词，但是没有B-roll的。

10 在浏览器中，选择这3个iPhone的片段，然后将它们拖到资料库窗格的关键词精选B-roll中。

这样，这3个iPhone的片段就同时具有了关键词iPhone和B-roll。这是Final Cut Pro的数据结构的一个巨大优势，片段可以被分布到同一资料库的多个不同的精选中，但是并不会复制源媒体文件。

> **资料库内部的复制**
>
> 如你所见，如果在同一资料库中，当我们将片段从某个精选中拖到另外一个精选中的时候，甚至是在不同的事件之间来回拖动，源媒体文件是不会被复制的。但是，当你从某个资料库的事件中将片段拖到另外一个资料库的事件中的时候，就会弹出下面这个有关媒体管理的对话框。
>
>
>
> 我们将在第9课中讨论这个内容。

练习 3.4.2
使用智能精选

在Final Cut Pro中可以进行复杂的搜索、排序和过滤的操作，并可以将其结果作为智能精选存储下来。此外，智能精选会自动地容纳该事件中任何符合对应搜索条件的片段。

为了体会这一功能的效果，让我们创建一个智能精选，令其包含事件中任何仅为音频的片段。这样一个智能精选适合所有的剪辑师，它可以被预先设定好，应用在任何一个剪辑项目中。

1 在资料库Lifted中，按住【Control】键单击事件Primary Media，从弹出的快捷菜单中选择"新建智能精选"命令。

新的智能精选的名称是默认的"未命名"。目前,"名称"栏正好是高亮显示的,所以你可以马上输入一个合适的名字。

2　将智能精选命名为Audio Only,然后按【Enter】键。

3　双击智能精选Audio Only,打开过滤器窗口,调整它的设置。

4　在过滤器HUD中,单击加号按钮,选择"媒体类型"选项。

5　在过滤器HUD中设置为搜索条件为"是"、"仅音频"。

瞬间,在智能精选Audio Only中就出现了两个音乐的片段。此时,你可能会产生一个疑问:既然之前已经有了关键词精选Audio,为什么还需要一个类似的智能精选呢?

6　在资料库窗格中,请注意观看关键词精选Audio的图标,再观看智能精选Audio Only的图标。

关键词精选的图标上有个小钥匙,而智能精选的图标上是个齿轮。关键词精选中的片段只能是手动添加进去的,因此,你就是这把钥匙。而智能精选中的片段是Final Cut Pro根据其搜索条件,检查片段的元数据,筛选出符合要求的片段,自动添加进去的。下面让我们看看它是如何运行的。

7　在工具栏的左边,单击"媒体导入"按钮。

8　在"媒体导入"窗口中,找到FCPX MEDIA文件夹。

9　在FCPX MEDIA文件夹中找到LV1下的LV SFX文件夹,选择其中的音频文件Helicopter Start Idle Takeoff。

10　单击"导入所选项"按钮。

11　在导入选项对话框中,进行下图所示的设定,然后单击"导入"按钮。

导入的操作很快就完成了,因此你也可以立刻看到下面的效果。

12 在浏览器中,单击关键词精选Audio和智能精选Audio Only,注意观察它们之间的区别。

刚才导入的音乐片段立刻出现在了智能精选Audio Only中。综上所述,你可以有目的地预先设定一些智能精选,以便它们根据不同的元数据信息,自动地为你收集需要的片段。

练习 3.4.3
侦测人物和拍摄场景

在Final Cut Pro中,利用某些分析工具可以自行创建智能精选。查找人物可以执行两种分析,同时,它可以在工作流程中的任何阶段被执行。

尽管在本次练习中,自动分析工具会显示很清晰的结果,但是在实际应用中,其状况是很复杂的。本练习的目的是令你了解如何针对现有片段进行分析,以及常见的分析结果。

在练习中,你需要执行查找人物的分析,而且要选择在分析后创建智能精选。否则,Final Cut Pro会仅仅进行分析,而不会显示出分析结果。

1 在事件Primary Media中选择关键词精选Interview。

2 在浏览器中选择MVI_1042到MVI_1055的所有片段。

3 按住【Control】键单击任何一个被选择的片段,在弹出的快捷菜单中选择"分析并修正"命令。

这样就会弹出一个你很熟悉的对话框。这里有一个你从来没有遇见过的选项：针对防抖动和卷帘进行分析。

4 在"分析并修正"选项区域，选中"查找人物"和"在分析后创建智能精选"复选框，单击"好"按钮。

当后台任务正在处理的时候，比如现在的分析，在Dashboard左边就会显示一个处理进程。

后台任务的显示器实际上是一个按钮，单击后就会显示出更多信息。

5 在Dashboard上单击"后台任务"按钮。

这样会显示出后台任务HUD，它会显示Final Cut Pro当前进行的后台操作的详情。

在本次分析完毕后，事件Primary Media中就会出现一个新的"人物"文件夹。

6 单击"人物"文件夹旁边的三角。

在针对被选择的片段的分析后，Final Cut Pro根据片段画面内容判断出哪些是中景拍摄的，哪些片段包含了一个人物。下表是查找人物分析可能会得到的结果：

幅面	人物
特写镜头	单人
中等镜头	两人
宽镜头	组

这些分析结果会大量地节省你的时间。比如你需要某个B-roll片段，它需要是一个采访片段、在机库中的直升机旁边拍摄的宽镜头、5D拍摄的，那么通过Final Cut Pro的元数据系统，你可以轻松地找到它。这就是使用Final Cut Pro最具优势的地方！现在，你可以专心思考如何讲述故事，而不是寻找片段了。

参考 3.5
角色

角色是在浏览器中进行分配的，它将会有利于你的剪辑操作。比如，如果你希望专注在环境音上的时候，可以暂时令全部人声都静音。那么利用角色的功能，单击一下即可满足你的需求。在浏览器中，或者是在剪辑过程中，你可以为某个片段或者多个片段分配角色。在分配角色之前，让我们先看看如何创建角色。

NOTE ▶ 与关键词类似，在工作流程中可以预先添加角色，从而大大地提高工作效率。

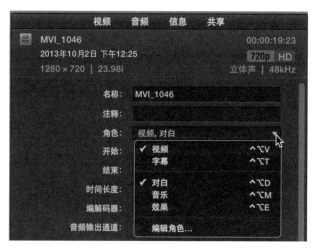

角色可以分成两个部分：视频和音频。如图所示，在你的每个项目中，都会出现这些默认的角色。你可以手动地在列表中添加和创建这些角色和子角色。子角色专门是指某个角色下细分出来的子集。比如在"字幕"角色下，你可以创建一个子角色用于描述影片主要的语言，再创建第二个子角色，以对应于影片的另外一种语言。这样，在导出影片的时候，你可以迅速地切换角色，令影片中的所有图形和文字都匹配于某种语言。

练习
分配角色

在浏览器的片段中被分配了的角色会随着剪辑操作带到项目中。在剪辑过程中也可以分配角色。比如，当你希望仅仅听到环境声音的时候，可以停用所有对白的音频。你只需要取消选择"对白"角色复选框即可。在浏览器中，或是在剪辑过程中，角色可以被分配给一个片段或者多个片段的不同被选择的范围。在分配角色之前，让我们看看如何创建一个角色。

1 选择"修改 > 编辑角色"命令，打开角色编辑器。

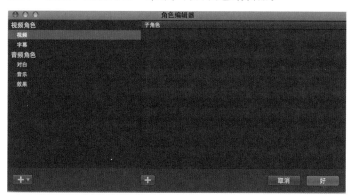

对于当前剪辑的项目，你已经具有了视频、对白、音乐和效果等角色。在剪辑中，你需要隔离自然声、环境音和摄像机麦克风录制的音频。我们还会通过nats音频片段来为影片增加真实感和现场感。作为音频效果，nats将会在后面的操作中添加进来。

2 在角色编辑器中，单击加号按钮来添加角色。

3 从下拉菜单中选择"新音频角色"命令。

这样，新的角色就会出现，并等待你的命名。

4 输入Natural Sound作为角色的名称，按【Enter】键，然后单击"好"按钮。

在设定好角色后，让我们通过几种不同的方法将其分配给一些片段。首先，使用菜单命令。

5 在资料库窗格中，选择事件Primary Media中的智能精选Audio Only。

6 在浏览器的列表视图中，选择音频效果Helicopter。因为它是一段音效，所以，要为其分配效果的角色。

7 选择"修改 > 分配角色 > 效果"命令。

如果要查看片段是否真的具有了这个角色，那么可以在检查器中进行。

8 打开检查器（如果需要，单击"检查器"按钮，或者按【Command-4】组合键）。

9 如果需要，单击"信息"按钮，打开信息检查器。

信息检查器会显示有关被选择片段的基本元数据信息。

10 在"角色"下拉列表中验证已经设定为"效果"。

分配附加的角色

现在，你可以为片段分配附加的角色了。保持信息检查器处在打开状态，你可以一边分配角色，一边在这里验证其操作。

1   在智能精选Audio Only中，选择两个音乐片段Tears of Joy-Long和Tears of Joy-Short。
    在信息检查器的上方可以看到，该片段当前的角色是"对白"。

2   在检查器中的"角色"下拉列表中选择"音乐"选项，将这两个片段的角色指定为"音乐"。

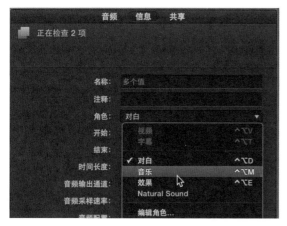

针对这些音乐片段，由于它们是仅包含音频的片段，所以也仅仅需要这一个角色。下面，让我们看一下B-roll片段的角色。

3   在资料库窗格中选择关键词精选B-roll。
4   在浏览器中选择一个片段，然后按【Command-A】组合键选择所有B-roll片段。
    此时，检查器也会发现你的目的是要修改多个片段的参数。
5   在信息检查器中，在下拉列表中选择"音乐"和Natural Sound选项，将这两个角色分配给被选择的片段。

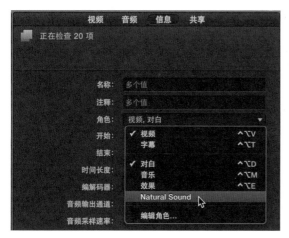

好，既然已经选择了所有的片段，那么就让我们在此借助元数据的力量，为B-roll片段指定一

个视频子角色。

6 在信息检查器的"角色"下拉列表中选择"编辑角色"选项,打开角色编辑器。

在此将要创建相对于视频角色的一个子角色,所以首先确认选择了视频。

7 确认选择了视频后,单击窗口下方靠右侧的加号按钮。

8 将子角色命名为B-roll,按【Enter】键。单击"好"按钮关闭窗口。

9 在检查器中打开"角色"下拉列表,选择"B-roll"选项,将这个角色分配给所有被选择的片段。

下面,还要对采访片段执行类似的操作,同样也是以批处理的形式操作的。

10 在资料库窗格中选择关键词精选Interview。

11 在浏览器中选择某个采访片段,然后按【Command-A】组合键选择这个精选中的所有片段。

12 在信息检查器中,验证"视频"和"对白"是当前分配的角色。

好，你已经完成了需要的操作，成功地为片段分配了各种元数据。在第4课中，你将借助这些元数据进行剪辑工作。

课程回顾

1. 在为片段分配关键词的时候，关键词所覆盖的区域可以重叠吗？
2. 在哪个检查器中可以为片段添加注释？
3. 所有片段的初始评价是什么？
4. 在浏览器中不显示被拒绝的片段的默认设置是什么？
5. 确保能够查找到一个已经导入到资料库中的片段的方法是什么？
6. 使用关键词组合搜索事件中的片段的方法是什么？
7. 如何编辑现有的智能精选的搜索条件？
8. 在工作流程的什么阶段可以为片段分配角色？

答案

1. 可以。
2. 信息检查器。
3. 未评价。
4. 隐藏被拒绝的项目。
5. 在资料库窗格中选择资料库，在"过滤器"弹出菜单中选择"全部"片段，并清除浏览器搜索栏上的搜索条件。
6. 在搜索栏上单击放大镜图标，打开过滤器HUD，然后选择"关键词"选项。
7. 在资料库窗格中双击智能精选。
8. 你可以随时为片段分配角色。

第4课
前期剪辑

在完成导入与整理的工作后，故事的元素都作为片段存储在资料库中，可以被剪辑所使用了。在后期制作的工作流程中，剪辑的工作就是将资料库中的片段组装到时间线上的工作。

前期的剪辑，经常被称为粗剪，涉及绝大部分后期工作流程中的工作。剪辑师通过调整镜头变换的时机、节奏与一致性完成影片的剪辑，还会增加一些附加的元素，比如音乐。之后，在Final Cut Pro中将影片共享给客户或者制作人进行审核。

现在，你已经准备好可以开始剪辑项目Lifted了。在本课中，你将会利用采访片段和直升机的B-roll片段来讲述故事。修剪片段，移除任何不必要的内容，添加上一段音乐。最后，将会导出第一次剪辑完毕的影片，以便其在计算机、智能手机或者平板计算机上进行播放。

学习目标
- 创建一个项目
- 在主要故事情节上添加和排列片段
- 波纹和卷动编辑
- 切割、空隙替换、波纹删除和连通编辑
- 连接片段
- 创建和编辑一个连接的故事情节
- 调整音频音量
- 将项目导出为媒体文件

参考 4.1
理解一个项目

剪辑阶段的工作是针对一个项目进行的，其表现形式就是在时间线上按照顺序排列数个片段，或者说项目就是按照一定顺序排列在时间线上的片段的一个容器。根据不同的故事内容，项目内容（时间线上片段的排列）可以很简单，也可能会非常复杂。

第4课中完成的项目

项目会被存储在资料库的某个事件中。Final Cut Pro可以加载或者卸载资料库，所有的片段也都会存放在资料库中。针对事件，你可以按照项目的用途进行分类，如一个表演节目、某个客户名称，或者影片的名称。

事件可以包含任意数量的项目，这取决于你的实际需求。比如，一个新闻节目剪辑师也许会制作3个项目，分别是：对白、成片和预发布片。而纪录片剪辑师可能会有10～30个项目，分别容纳不同段落的影片、用于新闻发布的片段、在线观看的预览影片，以及根据时间/内容进行剪辑的不同版本。

在资料库Lifted中已经有了两个事件，下面就让我们开始进行剪辑。

练习
创建一个项目

剪辑的第一步工作就是创建一个项目。

1. 在资料库Lifted中，按住【Control】键单击事件Primary Media，从弹出的快捷菜单中选择"新建项目"命令。

此时会弹出项目属性对话框，对话框中显示的是默认的自动设置。

NOTE ▶ 如果对话框打开后显示的是自定设置，那么单击"使用自动设置"按钮。

2. 输入Lifted Vignette作为项目的名称。
3. 打开"事件中"弹出菜单。

这个弹出菜单用于指定将新的项目存放在哪个事件中。其中显示出了当前打开的资料库中可用的事件。

4. 确认选择了事件Primary Media，单击"好"按钮。

   这样，新的项目就创建好了，它位于事件Primary Media中。

5. 如果需要，在资料库Lifted中选择事件Primary Media。

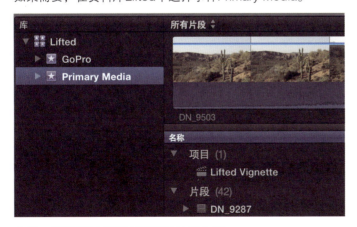

此时，新的项目出现在浏览器的最上面。

6 双击该项目，在时间线上打开这个项目。

项目显示在浏览器中

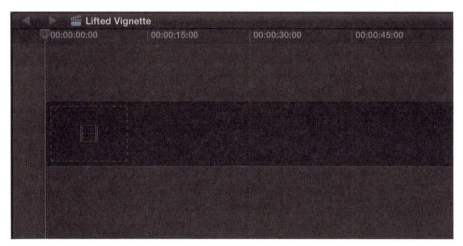

在时间线上打开项目

NOTE ▶ 在第10课中将会讨论有关自动和自定设置项目的区别。

参考 4.2
处理主要故事情节

在Final Cut Pro中，每个项目都是从主要故事情节开始建立的。在时间线上，深灰色部分就是主要故事情节的位置。主要故事情节用于容纳项目中最基本的一些片段。对于纪录片、带有采访对白的片段，以及画外音的音频片段就是主要故事情节中最基本的元素。对于剧情片，你可以考虑先铺垫一个音乐片段，然后再排列摄相机拍摄的片段。主要故事情节中的内容是根据你的需要灵活放置的。

在默认情况下，在主要故事情节中片段是一个挨一个排列的。它们之间的相互作用类似于磁铁之间的吸引与排斥。

将一个片段拖到项目的末尾

在故事线中，该片段被追加到项目中

在你将一个新片段从浏览器中拖到项目最右边的时候，该项目会被吸引到主要故事情节的末尾，磁性地粘贴在最后一个片段的后面。

将一个片段拖到项目的两个现有片段之间

当该片段侵入现有一个片段的位置上之后，现有片段会被排挤到旁边，留出一个可以容纳新片段的位置

新片段放置好了，正好被原有的两个片段夹在中间

将一个片段拖到现有两个片段之间的时候，会强迫现有片段移动开一段足够的距离，以便容纳新的片段。

以上情况表明了磁性时间线的关键概念：在添加片段的时候，其他片段会改变位置以容纳新的片段；或者，在删除片段的时候，磁性时间线会保持所有片段紧挨在一起，确保片段是被连续播放的。

在了解了主要故事情节的磁性时间线的特征后，你就可以开始组装片段了。

练习 4.2.1
追加到主要故事情节

现在你准备要在项目Lifted Vignette中添加片段了。由于这个影片是依靠采访中的对白来叙事的，因此，可以将拥有对白的片段剪辑到主要故事情节中。首先，让我们调整一下界面布局，以便在浏览器中能够看到尽可能多的片段和注释。

1 如果需要，在浏览器中选择列表显示方式。

2 在资料库窗格中选择关键词精选Interview，单击"隐藏资料库"按钮。

3 将工具栏向下拖动，以便为浏览器留出更多垂直方向上的空间。

展开每个片段，以便观看到之前为它们标注的个人收藏，以及每个片段的注释。你将参考这些元数据对采访片段进行粗剪。你还记得在标注个人收藏的时候Mitch说的"great passion"吗？让我们找到那个片段。

4 在浏览器的搜索栏中输入passion。

在输入的同时，浏览器就会立即更新其显示内容，以匹配搜索结果：MVI_1042和MVI_1055。

5 在浏览器中选择片段MVI_1042，扫视片段中标注为"个人收藏"的部分。

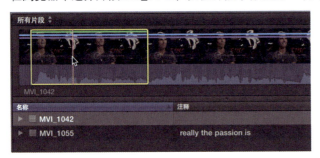

在扫视片段的时候，请注意音频的音调并没有改变，这令你可以在迅速地审查片段内容的同时保持对内容的准确判断。

NOTE ▶ 你也可以按空格键，或者【J】、【K】、【L】键来审查片段的内容。

搜索结果中包含的第二个片段也具有passion的文字内容。

6 在浏览器中播放片段MVI_1055，审查其中的内容。

这两个片段需要肩并肩地排列在时间线中，之后我们再进行精细的微调。因此，让我们先将它们作为前两个采访片段剪辑到项目中。

7 在浏览器中选择MVI_1042中带有注释passion when kid的个人收藏部分。

8. 单击"追加"按钮，或者按【E】键，将片段中被选择的部分添加到项目中。

这样，该片段中被选择的部分就添加在了主要故事情节中。E代表英文词End（结束）的首字母。无论扫视播放头或者播放头位于项目的什么位置，只要按【E】键，就可以直接将浏览器中被选择的内容添加到故事线的结尾处。

此时，播放头位于MVI_1042的末尾。在你进行了追加编辑后，播放头总是会跳转到项目的末尾。Final Cut Pro假设你会继续进行编辑工作，所以默认将播放头放置在这个位置。那么，如果在进行另外一个追加编辑的时候，播放头并不位于项目的末尾，会发生什么呢？

9. 单击MVI_1042中间靠上面的灰色空白区域，将播放头放置在左边一些的地方。

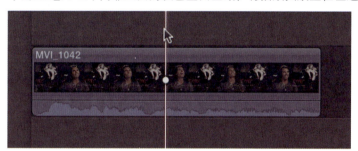

这时，播放头指向MVI_1042中的一帧，可以在检视器中看到它的画面。当播放头在MVI_1042中间位置的时候，我们将再次执行追加编辑，然后观看一下效果。

NOTE ▶ 由于各位读者使用的显示器分辨率不尽相同，在界面上，片段可能会显得比较短，或者是片段部分内容隐藏于时间线左侧界面的外面，而不能看到全部内容。在上面的步骤中，当你移动了播放头后，可以按一下【Shift-Z】组合键，令整个项目的全部内容都能够在时间线上显示出来。或者，你也可以拖动时间线右侧的缩放滑块，改变时间线的缩放设置。

10. 返回浏览器中，注意在MVI_1042下方的文字——已使用。

"已使用"表示该片段的这个选择范围已经在当前项目中被使用过了。下面，我们继续找到下一个将要剪辑的片段。

11. 在浏览器中选择片段MVI_1055中带有注释really the passion is的个人收藏，按【E】键，将这个片段追加到故事情节的末尾。

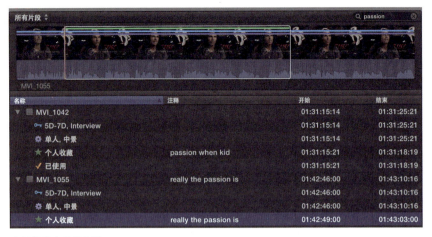

在浏览器中选择片段

将片段追加到主要故事情节上

这时，片段被立刻排列到MVI_1042的后面。播放头的位置不会影响到追加编辑。在添加了两段采访片段后，我们需要继续添加一些同样的片段。你可以继续这样一步一步地进行剪辑，但是Final Cut Pro还有一些更快速的方法。

NOTE ▶ 如果在上一步的练习完成后，在时间线上看不到片段MVI_1042了，那么你需要调整缩放设置。在时间线上单击，然后按【Shift-Z】组合键，或者调整右边的"缩放"滑块。

将多个片段同时追加到主要故事情节上

在同一时间，你可以将多个片段追加到主要故事情节上。在完成第一次剪辑操作后，你将会在浏览器中找到下一个需要剪辑到时间线上的片段。通过追加的方法，你可以保持停留在浏览器和故事板上，关注被剪辑的片段，并依靠简单的单击完成剪辑。

1 在浏览器中，切换到连续画面的视图。

此时会看到之前的搜索得到了两个片段。你需要清除搜索栏中的内容，显示出其他的采访片段。

2 在浏览器中单击"还原"按钮，清除搜索栏中的搜索条件。

此时，在关键词精选Interview中的其他片段都显示出来了。你可以选择多个片段，然后同时追加到故事情节上。这些片段被选择的顺序，就是它们在时间线上排列的顺序。

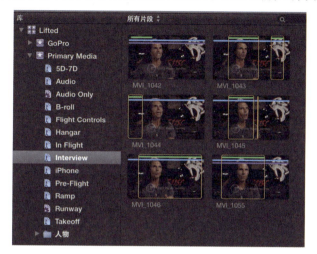

3 如果喜欢，你可以单击"片段外观"按钮，拖动"片段高度"滑块，改变一下连续画面的高度。

4 在浏览器的连续画面视图中，单击MVI_1043中第一个带绿色横线的范围。

之前你标注的个人收藏的范围都会带有一段绿色横线，可以方便你快速地重新选择这个片段范围。

5 按住【Command】键，并按顺序单击以下片段：MVI_1046、MVI_1045和MVI_1044。

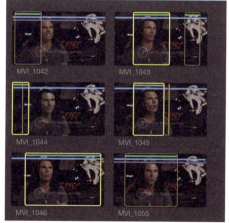

6 按【E】键执行一次追加编辑。

这些片段会按照在浏览器中它们被选择的顺序排列在主要故事情节中。

7 为了在时间线上看到项目的全部内容，单击一下时间线中灰色的区域，然后按【Shift-Z】组合键。

▶ **Final Cut Pro怎么会知道你希望将片段放在何处呢？**

如果你进行了之前的练习，你可能会注意到，在剪辑中并没有指定轨道、播放头的位置，或者是设定片段被剪辑的入点。追加的编辑方法直接将剪辑效率提高到了一个新的高度。

播放项目

在播放项目之前，你可能会想到按【Home】键，令播放头位于时间线最开始的位置上。但是，在苹果无线键盘和笔记本计算机上并没有标记出【Home】键的位置。

1 此时，你可以按住键盘左下角的【FN】键，然后按一下左箭头键，就相当于按了【Home】键。

现在，播放头位于项目的最开始了。

2 按空格键开始播放。

当播放头抵达项目结尾的时候，就会自动停止播放。

NOTE ▶ 如果激活了循环播放（选择"显示＞回放＞循环回放"命令），那么项目就会反复播放，直到你手动停止播放为止。

练习 4.2.2
在主要故事情节中重新排列片段

目前，采访片段的顺序还不合适，让我们调整一些片段的先后顺序，以便准确地讲述整个故事。在故事情节中进行这样的工作简直是太简单了，只需要将片段拖到希望它所在的新位置上，停顿一下，等待屏幕显示出操作提示，然后松开鼠标即可。

1 在项目中选择第4个片段MVI_1046。

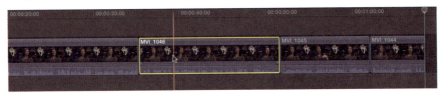

只有当播放头位于某个片段上的时候，才有可能预览该片段内容。目前，片段位于项目的结尾。你并不需要移动播放头的位置，如果在开始播放的时候能够看到扫视播放头，那么扫视播放头会自动控制播放头的位置。

2 轻轻地移动一下光标，确认扫视播放头是可用的。

扫视播放头与播放头类似，它垂直地穿越时间线窗格上片段的连续画面，但是，扫视播放头的顶部没有播放头顶部的三角。

左边是扫视播放头，右边是播放头

3 按空格键播放片段。

播放头会自动跳转到扫视播放头的位置，并开始播放。片段MVI_1046的开始部分，Mitch会说"At the end of the day"，这句话听起来应该放在故事的结尾处。

4 将MVI_1046拖到时间线的末尾，但是不要松开鼠标。

5 在主要故事情节上，当MVI_1044的右边出现一个蓝色方框之后，松开鼠标。

此时，MVI_1046成为故事情节中的最后一个片段。

目前，在片段中还有一些需要微调的地方，我们将会在本课稍后的部分介绍修剪这些有问题的帧画面的方法。现在，让我们继续在故事情节中移动另外一个片段。

6 找到MVI_1044，它现在是项目中的倒数第二个片段。将其拖到MVI_1043和MVI_1045之间。

当你将 MVI_1044 拖到两个片段之间的时候,这两个片段之间会自动出现插入的方块,MVI_1045 则会自动地滑到右边,为 MVI_1044 腾出足够的空间。可以看到,磁性时间线快速地对你的剪辑操作做出了反馈。

NOTE ▶ 在拖动一个片段的时候,在时间线的片段上方会出现移动距离的提示条。

参考 4.3
在主要故事情节中修改片段

在检查故事线中的影片的时候,你可能会希望插入一两个新的片段。但是,片段前后的对白也很有可能会干扰整个影片的流畅性。此时,Final Cut Pro 的新功能磁性时间线会令这些调整工作变得异常简便。

在前面的练习中,你已经通过追加编辑的方法将片段剪辑到了故事情节中。当你需要在两个片段之间放置一个新的片段的时候,可以利用插入编辑将新片段"挤入"已有的两个片段之间。

在 Final Cut Pro 中包含若干修剪的工作,通过修剪工具可以移除一些额外的呼吸声、不需要的声音、对白。在本课中你将学习的是其中的波纹修剪工具。

波纹编辑可以以帧为单位移除片段中不需要的内容。它也可以在项目的片段中插入媒体内容。

在故事情节上无论执行了插入编辑还是波纹修剪,相邻的片段总是会互相挨在一起。移除某个片段,或者是片段的一部分后,后续的片段会向前移动靠紧前面的片段。在插入的时候,后续的片段会整体地向后移动,为插入的片段留出空间。

练习 4.3.1
执行插入编辑

在拖动 MVI_1044 到它的新位置上的时候,你执行的是一次插入编辑。其右侧的片段会自动向右边滑动一段距离,为 MVI_1044 留出空间,而左侧的片段则不会移动。在前面的练习中,你已经标注了一个采访片段，准备要加入到项目中。在这次练习中，你将插入这个片段，但不是通过拖动的方法。

1　在浏览器中，切换到缩略图视图，搜索awe。

搜索结果仅仅显示了一个片段——MVI_1043。它有两个个人收藏的片段范围。

2　在浏览器中，扫视MVI_1043的第二个个人收藏。

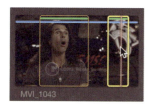

由于你使用的显示器的分辨率可能不同，所以在扫视的时候也许会听不清楚音频内容。通过缩放滑块加长一些片段缩略图，可以得到更多的扫视距离，以便降低播放的速度。

3　向右拖动缩放滑块，直到数值为5秒为止。

4　再次扫视MVI_1043中的第二个个人收藏。

在调整了缩放滑块的设置后，每个缩略图代表了源媒体5秒的时间。在扫视的时候，就可以以比较接近正常的音调监听音频内容了。请注意在一行缩略图最左边的锯齿状的撕裂形状，它表示片段是从上一行的缩略图延续下来的。在片段的头部和尾部，缩略图则是平直的边缘。

5　在片段的连续画面中，确认选择了第二个个人收藏。

接着，你将移动播放头在时间线上的位置，确定该片段被插入的位置。

6　在时间线中，在片段MVI_1043和MVI_1044上扫视。

MVI_1043需要以精确到帧的方式被剪辑到两个片段之间。确保精确度的方法就是激活吸附功能，令播放头对准在两个片段之间的位置上。

在时间线窗格的右上角，从左到右分别是4个功能按钮：扫视、音频扫视、音频独奏和吸附。

7 如果需要，单击"吸附"按钮，激活吸附功能（按钮变为蓝色），或者按【N】键。

8 在项目中，扫视几个片段，让扫视播放头掠过片段的编辑点。

请注意，扫视播放头会自动跳到片段的编辑点上。好，下面我们把播放头放在准确的位置上，以便执行插入编辑。

9 将扫视播放头吸附在片段MVI_1043和MVI_1044之间，然后单击一下，确定播放头的位置。

NOTE ▶ 两个片段之间编辑点的位置是在右边片段的第一帧上，而不是在左边片段的最后一帧上。在片段的画面的左下角会有一个L形弯角的图标，表示这是片段的第一帧。

L弯角表示该帧是片段的开始点

10 在浏览器中，确认仍然选择了片段的第二个个人收藏。

11 在工具栏上单击"插入"按钮，或者按【W】键。

片段MVI_1043被放置在时间线上的两个片段之间，从采访上讲，补足了缺失的那部分内容。

练习 4.3.2
波纹修剪主要故事情节

在第3课中，你筛选了一些采访片段，片段中还包含一点点多余的内容（在本次练习中，你会理解为个人收藏多留出一点余量的作用）。剪辑师每日的工作主要是创造一个简洁明了的故事，同时也要补充必需的情节。在本练习中，你将学习波纹修剪的方法，以去除多余的内容，并补充其他片段，完善故事内容。

NOTE ▶ Final Cut Pro是一种上下文敏感的软件，你并不需要每次都预先激活（选择）修剪工具。在需要的时候，选择工具会自动切换到修剪工具的波纹修剪功能。

1 将播放头放置在片段MVI_1055的结束点上。

在Mitch说"Uh, so"的地方，有些多余的内容应该被修剪掉，令片段在Mitch说完"Whole new look"后立即结束。

在进行修剪片段的工作之前，可以把时间线的显示放大一些，令光标的移动更加准确。

2 当扫视播放头或者播放头位于MVI_1055结尾附近的时候，按【Command-=（等号）】组合键，放大显示时间线。

在放大的时候，缩略图下方的音频波形也会逐渐更加明晰。"uh, so"这段音频位于片段的结尾，可以通过波形判断出它的位置。在本次练习中，你将使用波纹修剪功能，但是不通过修剪工具进行。

3 将播放头移动到Mitch说"Uh, so"的前面。

将播放头移动到预定的位置后，就可以通过默认的选择工具来执行一次准确的剪辑了。该工具会根据光标在时间线上的位置自动变化到可用的功能。

4 在工具栏上，确认选择了选择工具，或者按【A】键。

5 在时间线上将光标放在该片段的末尾。

6 请不要单击鼠标,缓慢地将光标向左右移动一下,令光标横跨两个片段之间的编辑点。

在光标左右移动的同时,请注意观察光标形状的变化。光标改变后,就表示工具自动切换为波纹修剪工具了。

波纹修剪工具的图标上有一个小小的胶卷。如果这个小胶卷向左侧延展的话,就表示会修剪左边片段MVI_1055的结束点。

7 当小胶卷向左侧延展的时候,向左拖动片段的结束点,直到吸附到播放头的位置上。

8 在时间线上播放片段,检查修剪后的效果。

在修剪了片段的结束点后,已经将片段中一部分多余的内容移除了。在波纹修剪中,所有后续的片段也都会自动向左移动,以填补被删除内容之前占据的空间。下面,让我们修剪一下该片段开头的部分。

9 卷动时间线上的显示,如果需要,调整缩放设置,观看片段MVI_1055开始的部分。

10 播放片段,在Mitch说"And really the passion"的前面停止。

你需要将播放头放在Mitch说"of film"和"And really"之间。对于采访,在理想的镜头切换的画面上,人物的眼睛应该是睁开的,嘴巴是合上的。在当前片段中,你可以在Mitch刚刚说完"film"的时候找到这样的帧画面。

11 当播放头放在新的开始点上后，将选择工具放在片段当前的开始点上。

此时，波纹修剪工具图标上的小胶卷面向右侧延展。

12 将MVI_1055的开始点向右边拖动，直到吸附在播放头的位置上为止。

在波纹修剪开始点的时候，你会注意到片段左侧的其他片段好像也移动了。但是实际上它们并没有移动，项目时间的开始点仍然为0:00。当你修剪片段MVI_1055的开始点后，该片段的时间长度缩短了。该片段及后续的片段一起向左移动，但是这个移动是靠时间线的时间码向右移动来完成的。

使用键盘完成针对一个结束点的波纹修剪

在某些时候，鼠标或者触控板并不能提供足够精确的控制，以便你在指定的时间点上完成修剪编辑。因此，你可以使用键盘快捷键来进行更准确的操作。

1 找到MVI_1043的第二个、稍微短一些的片段的结束点。将播放头放在Mitch单独说出"so"这个词的地方。你可以按几次【Command-=】组合键，放大显示时间线上将要进行编辑的位置。

你已经听到过采访片段的内容了，因此可以感受到的是Mitch说话的时候词句之间联系得非常紧密，这令剪辑工作变得有些困难。下面，我们使用键盘来协助片段的剪辑工作。

2 选择第二个MVI_1043的结束点。

选择了结束点之后，你可以使用键盘一次仅仅修剪一个帧画面。

3 按几次【,（逗号）】键。每按一次即可移除一帧的内容。
4 如果需要，按几次【.（句号）】键。每按一次即可恢复一帧画面。
5 扫视到结束点左边一点的位置，播放项目，检查剪辑的效果。

经过反复几次调整之后，这个剪辑就会显得更完美了。好，让我们继续下面的操作。

6 针对项目中所有的片段进行类似的剪辑，修剪掉不需要的多余部分。在完成后，项目中的片段应该与下表比较吻合。

Lifted Vignette剪辑工作列表

片段	开始部分的对白	结束部分的对白
MVI_1042	Flying is	a little kid
MVI_1055	And really the	whole new look
MVI_1043	One thing that	what we're shooting
MVI_1043	As I'm technically	what we're experiencing
MVI_1044	You know it's	opener for me
MVI_1045	Every time we may be	see or capture
MVI_1046	At the end of the day	adventure I went on

NOTE ▶ 在某些地方可能会听到敲击的声音。在本课稍后将会讲解解决这些问题的方法。

Lifted Vignette的剪辑排列

参考 4.4
调整主要故事情节的时间

一个影片项目的剪辑都是遵从于主要故事情节的要求的。至此，你已经将主要的采访片段排列在了时间线上，形成了应有的故事结构。接着，工作的重点将转移到控制镜头切换的时机和节奏上。采访片段中的对白应该像日常对话一样从容自然，而不是忽紧忽慢。

首先，你将使用空隙片段。空隙片段是位于时间线上的一段空白片段。有时你可以将它作为占位片段使用，以便未来使用有内容的片段来替换它，比如B-roll片段，或者是补充的采访片段。空隙片段也可以作为调整时间间隔、控制影片节奏的工具。

另外一个将会使用的技术是移除片段中的部分内容，甚至是整个片段。切割工具可以用于将时间线上的片段分离为多个部分，以便移除和调整其中的某个部分。每次切割一个片段，就会创建一次接合直通编辑点。

接合编辑点会将片段标记为一个一个的片段，但是并不将其视为物理上分离的两个独立片段。如果第二次使用切割工具切割片段，那么会创建第二个接合编辑点。之后，你可以将两个片段重新接合在一起，恢复原始的状态。这种恢复的方法称为接合直通编辑。

如果你决定删除某个片段的一部分，那么可以使用两种方法。一种是直接按【Delete】键，执行一次波纹删除。被选择的部分将被移除，后续的片段将会向左滑动，填补被删除片段所留下的空间。

切割片段

选择希望移除的片段内容

按【Delete】键执行波纹删除

第二种方法是替换为一个空隙片段：按【Shift-Delete】组合键，将被选择的片段从时间线上删除，并在该片段位置上留下相同时间长度的空隙片段。此时，后续片段会保留在原位不做任何移动。

切割片段

选择希望移除的片段内容

按【Shift-Delete】组合键，使用空隙片段替换该片段的内容

练习 4.4.1
插入一个空隙片段

目前,项目中的片段对白的间隙非常小。这种极快的语速对清晰的故事讲述并没有什么大的帮助。因此,让我们将其中一些片段分开一点点,令对白的节奏变得轻松一些。

1. 将播放头放在MVI_1042和MVI_1055之间。

在这里放置一个空隙片段后,可以令Mitch连续的话语稍作停顿。你不用担心空隙片段带来的黑屏问题,稍后将会使用一个B-roll片段来遮挡这段黑屏。

2. 选择"编辑 > 插入发生器 > 空隙"命令,或者按【Option-W】组合键。

这样,一个3秒长的空隙就插入到了这两个片段之间。对当前这个案例来讲,3秒的时间略长了一些。因此,我们对其进行一下波纹修剪,调整一下它的时间长度。

3. 将光标放在空隙片段的结束点上,确认波纹修剪图标的小胶卷是向左延展的,以向左拖动结束点。

在拖动的时候,片段新的时间长度和调整产生的增量数值(拖动操作将会增加或者减少多长时间的数值)将会同时出现在光标的上方。

4. 将空隙片段的时间长度缩短为1秒,相当于移除了2秒的内容。

5. 扫视到空隙片段的开头部分,播放片段,审查剪辑的效果。

还不错！这个间歇的片段令观众有了一点点时间来思考Mitch说的话的含义。下面继续调整另外一个编辑点。

6 按向下箭头键跳转到下一个编辑点。

此时，播放头位于MVI_1055和MVI_1043之间。

在MVI_1043中Mitch谈论了许多。因此，在这个片段的后面增加一个更长一点的空隙片段，将会有助于观众对采访内容的理解。

7 确认播放头的位置，按【Option-W】组合键，插入一段3秒的空隙片段。

8 审查一下剪辑效果。

好，这两个采访片段之间的间歇已经做好了。你可能注意到在片段MVI_1055末尾的呼吸声，请通过这些方法来去除这个问题。

9 如果需要，调整空隙片段左右两边片段的结束点和开始点，令影片节奏更加流畅。

请一边修剪，一边监听其效果，确认MVI_1055末尾的呼吸声已经被移除。

另外，空隙片段的长短也不一定要按照本次练习中的数值进行设定。请按照你自己的感觉，找到最合适的节奏。

练习 4.4.2
切割和删除的工作

切割工具可以将片段分割为不同的部分，你可以移动某个部分的位置，或者干脆删除它。在MVI_1043的第一个片段中，Mitch在被采访的时候的一些停顿可以被移除，令影片更加紧凑。

1 播放项目，将光标放在MVI_1043中Mitch说"And film at the same time"，喘气后说"uhhm"的地方。这大概是该片段中第4秒的位置。

2 将播放头定位在喘气声的后面，"uhhm"的前面。

你会在这里将片段切割为两个部分。接着，再切割一下片段，将"uhhm"分离出来。

3 从"工具"弹出菜单中选择切割工具，或者按【B】键。

4 在开启了吸附功能的状态下,将切割工具移动到片段MVI_1043上,直到它被吸附到播放头上为止。

5 当切割工具吸附在播放头上后,单击一下片段,在这个位置切开片段。

当你在使用选择工具的时候,也可以随时调用切割工具。下面,我们先切换到选择工具,然后切割"uhhm"的部分。

6 按【A】键选择选择工具。

请注意,选择工具的默认图标是一个箭头。但是目前选择工具正好位于编辑点上,所以光标显示为波纹修剪工具的形状。

7 按右箭头键,然后按左箭头键。如果需要,将播放头放置在"uhhm"的后面,Mitch开始说"you're"的前面一点。这次,我们不选择切割工具,直接通过键盘快捷键进行操作。

8   不要移动光标，按【Command-B】组合键，在播放头的位置切割片段。

现在，这个片段被分成了3个部分。你需要移除中间的部分。

请留意之前有两种删除形式。在练习中我们都进行一下操作，比较它们之间的差别。

9   选择片段中间的部分，按【Shift-Delete】组合键。

片段的这个部分被一个空隙片段所代替，这种删除方法也称为举出。

10 按【Command-Z】组合键撤销之前的操作。

11 如果需要，重新选择带有"uhhm"的这个部分，按【Delete】键。

该部分直接被移除了，后续的片段则向左侧滑动，填补了空白。

12 播放项目，审查剪辑的效果。

当前，片段第二部分的开始位置听起来很不完整，而第一部分结尾处的呼吸声也格外引人注意，下面来调整两个片段，使呼吸自然地在两个片段中过渡。

13 使用已经学习到的波纹修剪技术，令这两个片段之间对白的过渡更加自然。

你可以先移除第一个片段末尾的呼吸声，然后在第二个片段的开头插入几帧画面。操作时可以参考前面练习中介绍的方法。

从视觉上看，这样的剪辑形成了跳剪的效果。跳剪是指在固定的背景中，被拍摄主体的不连续变化。有的时候，跳剪是有意实现的一种效果。但在这里，它是一个瑕疵。后面，我们将通过B-roll片段来进行补救。

练习 4.4.3
接合片段

在上一个练习中，你使用切割工具将片段分离成为若干个部分。如果觉得操作失误，那么可以轻松地再将这些部分接起来，恢复其原来的样子。

1. 在项目中找到片段MVI_1044。
2. 在"工具"弹出菜单中选择切割工具，或者按【B】键。
3. 扫视到片段的后半部分，当听到Mitch说"New"后停下来。

参考音频波形也可以找到Mitch停顿下来的地方。这里的波形显示出山谷谷底的形状。

4. 在音频波形上单击，切断这个片段，制造出一个接合编辑点。

5. 接合编辑点以虚线来表示。实际上，我们并不想切割这个片段，所以，接下来我们再把它们接合在一起。
6. 按【A】键选择选择工具。
7. 单击接合编辑点（虚线），选择这个编辑点。

当使用选择工具的时候，仅仅能选择编辑点的一边，但是这没有关系。

8. 按【Delete】键。

接合编辑点被移除，片段的两个部分又接在一起，变成了一个片段。

练习 4.4.4
精细地调整对白

在添加B-roll和音乐片段之前，让我们先进一步优化一下对白的节奏。

目前，MVI_1043的第二个片段结尾的话语是"shooting"，它与后续片段的衔接并不是很顺畅。在时间线上，这出现在大概第40秒的位置。

之前，你修剪过Mitch说的"so"这个词语。在这里，你可以将它混合到下一个对白中。

1. 将扫视播放头放在MVI_1043的第二个片段的结尾，令光标形状上的小胶卷是向左边展开的。

2. 对该片段的结尾进行波纹修剪，令其向右展开大约11个帧画面。

3. 审查剪辑效果。

  好，现在对白衔接就自然多了。

  MVI_1043的第3个片段的结尾处有个小麻烦，感觉话没有说完就被切掉了。片段结尾处的"experiencing"声音感觉不正常。让我们把结束点提前一点，看看效果如何。

4. 将片段结束点向左进行波纹修剪，大概缩短1秒的时间。

在Mitch说完"filming"以后，你会发现，还有一两个其他的音节出现，也需要将它们移除。

5. 确认仍然选择着结束点，按逗号和句号键，逐帧地修剪片段。

  这一系列操作可能会花上一些时间，才能获得最满意的效果。结束的帧画面应该正好在对白中"filming"的"g"的右边。

  好，现在轮到MVI_1044和MVI_1045了。

6 选择这两个片段,按【Shift-Delete】组合键,删除这两个片段并用空隙片段取而代之。

7 将空隙片段的时间长度修剪为3秒。

这次修剪为对白创造了一种比较自然的停顿,令Mitch的对白比较顺畅地进入下一个阶段的内容。

在完成这些修剪工作后,项目中的片段就排列到位了。此时可以花一点时间,从头到尾地审查一遍影片。

主要故事情节上的片段排列

参考 4.5
在主要故事情节的上方进行剪辑

主要故事情节主要用于容纳反映影片主要内容的片段。在完成这些片段的基本组织排列工作后,就可以添加一些B-roll片段,丰富画面内容。这些B-roll片段是放置在主要故事情节上方,连接到主要故事情节上的。

在剪辑B-roll的过程中,你会在主要故事情节的上方建立很多小的枝杈。这些位于主要故事情节外面的片段会有一个垂直的小细线,连接在主要故事情节的某个片段上。它们会与连接的对象保持同步关系,因此,你在听到Mitch说"helicopter"的时候,在画面上就会看到直升机。

即使主要故事情节发生了波纹编辑,这种连接关系也会一直保持不变。在项目中,如果对主要故事情节上的片段进行了编辑,导致其发生移动,那么连接在它上面的B-roll片段也会进行完全一样的移动。这样就保证了它们之间的同步关系。在剪辑中,你只需要关注主要片段的操作,而不用担心其他的问题了。

在以下练习中,你将会把一些B-roll片段连接到主要故事情节中已经剪辑好的对白片段上。之后,将会修剪这些连接片段,学习新的修剪功能。

练习 4.5.1
添加和修剪连接的B-roll片段

B-roll永远是剪辑师最好的朋友!B-roll有时候也被称为切出镜头,它可以帮助你很自然地中断主要故事情节上的画面,隐藏主要故事情节中片段上的跳剪,以及音频的过渡。一段不错的B-roll片段中也可以包含高质量的、自然的音频。剪辑师可以利用这段音频修饰整体音频。

下面我们调整一下操作界面,通过关键词搜索到之前机库门被打开的B-roll片段。

NOTE ▶ 从培训的角度,你会从项目的开头开始,一个一个地添加B-roll片段。但是在实际工作中,你可以随时为项目添加需要的B-roll片段。

1. 在浏览器中单击"显示资料库"按钮。

2. 在Lifted资料库中选择关键词精选Hangar。
   检查浏览器的排序和过滤设置,确保你能够看到所有的机库的片段。

3. 在浏览器的弹出菜单中选择"隐藏被拒绝的项目"选项,并确认搜索栏中没有任何搜索条件。

   ![隐藏被拒绝的项目]

4. 在浏览器的"操作"菜单中选择"片段分组方式 > 无"命令,以及"排序方式 > 名称"命令。

5　如果需要，将工具栏向上移动一些，为时间线留出更多垂直方向的空间。

6　在浏览器中，将缩放滑块调整到"全部"的位置。

在设定好操作环境后，找到机库门被打开的片段。

7　在资料库Lifted中，确认选择了关键词精选Hangar。

此时，在浏览器中显示出之前分配了关键词Hangar的片段。第一个片段是DN_9390。

8　扫视片段，再次熟悉一下片段的内容。

片段开始的时候，机库门没有打开。之后，Mitch从左边走进来，穿过画面中央，对直升机进行一下检查。这个片段有13秒的时间。让我们先将它修剪得短一些，然后再将其连接到主要故事情节上。

9　在DN_9390中，将光标放在刚刚听到机库门的马达声音的位置上。

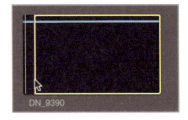

10　将结束点定位在Mitch蹲下来检查摄像机的地方。

好，现在选择好了将要剪辑到项目中的片段范围了。

11 在项目Lifted Vignette中，将播放头放在时间线开始的位置。

Final Cut Pro将会根据播放头的位置来判断在时间线上的什么位置来放置机库的片段。在本例中，确定位置的操作很简单，因为该片段将是项目的第一个镜头。

将这个片段剪辑到项目上后，我们将会一边看着这个机库的场面，一边听到Mitch的说话。该片段需要放置在主要故事情节的上方。

12 在工具栏中单击"连接"按钮，或者按【Q】键。

这时，机库片段被放置在第一个采访片段的上方。让我们先播放一下项目，观看这次剪辑的效果。

13 将播放头放在项目的开始，播放时间线。

在画面中看到了机库，在听到Mitch说话的同时，你也听到了机库门马达的声音。通过视频，你会看到垂直方向上位于最上方的片段的画面；而音频，则是所有片段的音频都混音在一起。

连接第二个B-roll片段

你可以看到，片段DN_9390延展到了第二个采访片段的上方。目前看，这没有问题。所以，让我们继续剪辑下一个B-roll片段。

1 在浏览器中扫视片段DN_9465。

在这个片段中,Mitch从右边进入机库,到达直升机的前面,然后蹲下来检查摄像机。尽管Mithc进入机库的方向与之前的不同,但是你可以将开始点设定在他蹲下来的时候。这样,这个片段就可以与之前Mitch走近直升机的片段匹配起来了。

2 在浏览器中,在Mitch已经开始下蹲去检查摄像机的位置设定开始点。

下面,你需要在时间线上找到上一个片段匹配于这个动作的位置。

3 将播放头放在DN_9390上,这里,Mitch也是将要下蹲去检查摄像机的位置。

4 单击"连接"按钮,或者按【Q】键,执行一次连接编辑。

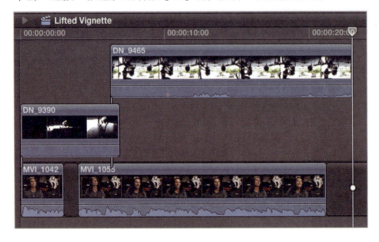

这样，第二个B-roll片段就连接在了主要故事情节上。它的位置比第一个连接片段还要高，这是因为如果这两个连接片段有重叠的话，Final Cut Pro就会自动地将其中一个抬高。

5 审查剪辑效果。

现在，检查在这两个连接片段中，Mitch的动作是否显得流畅。如果还没有，那么可以快速地调整一下。

6 将光标放在片段DN_9465的中央部分，将片段向左或者向右拖一点，直到Mitch下蹲的动作比较连贯为止。

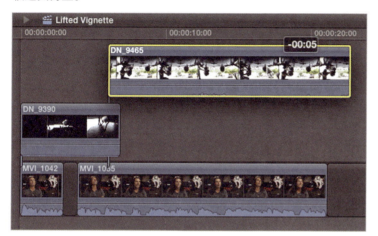

当片段DN_9465的位置合适后，你可以对DN_9390进行波纹修剪，让它的位置降低下来，与DN_9465保持在同一水平上。

7 确认吸附的功能仍然是激活的（在时间线上的"吸附"按钮是蓝色的）。

NOTE ▶ 按【N】键，可以在打开和关闭吸附功能之间切换。

8 向左边拖动DN_9390的结束点，直到它降落下来，与DN_9465在同一水平上。

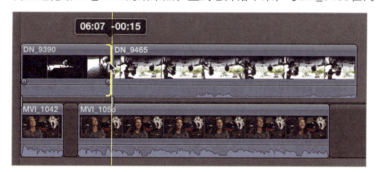

向右边拖动DN_9390的结束点，让它吸附到DN_9465的开始点上。

请注意DN_9465在时间线上的延伸。在连接好第3个B-roll片段后，我们再修剪这个片段。

连接第3个B-roll片段

让我们先连接上第3个B-roll片段，然后再分析整个项目的情况。

1 在项目中，将播放头放在片段MVI_1055中Mitch说"nobody"的位置上。

下面,你需要Final Cut Pro基于主要故事情节上的内容进行一次精确的剪辑。让我们先找到用于剪辑的片段。

2 在浏览器中找到片段DN_9470,这是一个Mitch检查摄像机的特写镜头。

3 在片段中间,Mitch转动摄像机的位置,设定开始点。

4 当Mitch的脸移动到摄像机后面一半之后,设定结束点。

5 按【Q】键,将这个片段按照播放头的位置连接到主要故事情节上。

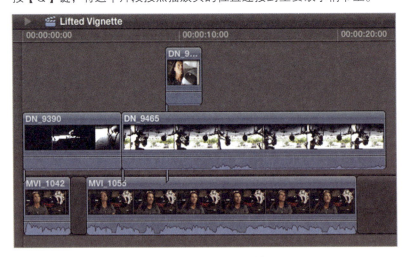

Mitch的特写镜头之后,片段DN_9465继续播放。

6 将DN_9465的结束点修剪到DN_9470的前面。

这样，片段DN_9465就不会重复出现在画面中了。

练习 4.5.2
连接片段的同步与修剪

这3个连接片段都各自有一条小竖线，该竖线连接到了主要故事情节的片段上，以保持与主要故事情节上片段的同步。下面我们来看看其中的奥秘！

在项目中可以看到，B-roll片段上延伸向下的小竖线接在了主要故事情节上。当你执行一次连接编辑后，片段就被连接为这种形态。

在时间线上，如果采访片段发生了移动，那么连接在该片段上的B-roll也会进行同样的位移。

1 向右拖动MVI_1042的中央部分，直到该片段被放置在MVI_1055的后面。

注意，这是DN_9390随着采访片段改变了位置。其他两个B-roll片段同样向左滑动，以便保持与连接的采访片段的同步。

2 按【Command-Z】组合键，撤销刚才的操作。

连接片段是独立的片段，所以它可以进行移动，改变它与主要故事情节上的片段的相对位置。

3 向右拖动DN_9465的中央部分，直到它被放在DN_9470的右边。

这样，DN_9465与主要故事情节有了新的连接点。

NOTE ▶ 任何在主要故事情节之外的片段，必须连接到主要故事情节上。

4 按【Command-Z】组合键，撤销刚才的操作。

只要你不改变片段连接的位置，或者要求Final Cut Pro忽略这种连接，Final Cut Pro就会维持连接片段与主要故事情节的同步。

覆盖连接

在连接好B-roll片段后，你可能会觉得有必要移动一下主要故事情节上的采访片段，同时还需要令B-roll片段保持在现有位置不变。目前，B-roll片段的位置和顺序都很不错，只是项目的整体时间有点太长了。你有可能会需要在不破坏B-roll的次序的前提下，重新排布一下采访片段的先后顺序。为此，在调整主要故事情节之前，你可以临时设定一个用于连接片段的连接点。

1 在项目中，将光标放在MVI_1042上。

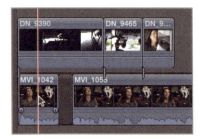

2 按住【`】键，将MVI_1042拖到MVI_1055的后面。

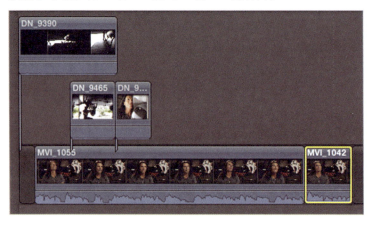

在按【`】键的时候，光标的形状变为一个斜杠横过连接片段的样子。按【`】键的时候拖动片段表示让Final Cut Pro忽略掉任何连接着的片段。

B–roll片段DN_9390没有改变它的位置，但是它之前所连接的采访片段已经改变了其在主要故事情节上的位置。在移动完成后，采访片段MVI_1055带着其他两个B–roll片段向左滑动。Final Cut Pro自动将DN_9390抬高一下，避免与这两个移动过来的B–roll片段发生冲突。通过这个操作可以发现，Final Cut Pro通过抬高某个片段，自动地避免了问题，你也不用被迫重新进行操作了。

3　按【Command-Z】组合键，撤销刚才的操作。

连接片段确保你可以在重新排列片段的时候，保持不同镜头之间的同步关系。而Final Cut Pro则可以根据你的要求保持其同步，或者令其同步到新的位置。

修剪连接片段

与主要故事情节中的采访片段不同，连接片段之间是相互独立的，它们在水平方向上没有什么关联。因此，对连接片段的修剪操作与在主要故事情节上进行的修剪操作也是不同的。

1　将选择工具的光标放在片段DN_9390的结束点上。

注意，在代表修剪的光标上没有出现一个小胶卷的形状，这是与在主要故事情节中进行修剪的区别。由于连接片段在水平上没有关联，所以这里不会有波纹修剪的功能。

2　将该片段的结束点向右边拖动。

在这次剪辑操作中，仅仅涉及到了片段DN_9390。

3　按【Command-Z】组合键，撤销刚才的操作。

这是Final Cut Pro默认的操作行为，在你希望连接片段独立于其他连接片段的时候，这种方式很方便。而当你需要的时候，也可以建立连接片段在水平方向的关联。

参考 4.6
创建一个连接的故事情节

当B–roll片段被连接到主要故事情节上后，位于上方的B–roll画面会显示在画面中。当你审查影片的时候，可能会需要调整B–roll片段之间的切换节奏，以便更好地与采访对白的内容相匹配。

由于每个连接片段都是独立的，对一个B-roll片段进行修剪后，不会像波纹修剪那样影响其他连接片段。连接片段在垂直方向的相对位置与它们的水平方向是完全没关系的。

但是，剪辑师也可以将多个连接片段放在一个连接的故事情节中，令它们具有水平方向上的关联。其原理就是建立一个新的故事情节，然后容纳多个不互相重叠的片段，该故事情节以连接的方式连接在主要故事情节上。在连接的故事情节中，片段就会具有波纹修剪的特性了。

一个连接的故事情节是一种容器，容纳了一组片段，它的上方是灰色的横栏。在进行选择操作的时候，其操作对象就是这个横栏。如果希望在连接的故事情节中插入一个新的片段，那么你必须在选择这个横栏后再进行剪辑，而不能选择该故事情节中的某个片段。

在Final Cut Pro中可以选择几个连接片段，然后将其容纳到一个新建的连接的故事情节中。只有在同一水平上的连接片段才能被添加到这个组中。如果互相之间有重叠的连接片段，是不能直接容纳在一个连接的故事情节中的。

练习 4.6.1
将多个连接片段转换为一个连接的故事情节

将前3个连接片段直接转换为一个连接的故事情节的方法有两种。

1 选择在项目开始部分的这3个B-roll片段。

2 按住【Control】键单击任何一个片段，在弹出的快捷菜单中选择"创建故事情节"命令，或者按【Command-G】组合键。

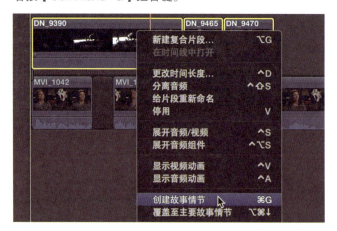

注意，在这3个片段上方出现了一个灰色横栏，并把它们框在了一起，这表示3个片段都被容纳在了一个故事情节中。在同一个故事情节中，你就可以对这3个片段进行波纹修剪了。

3 将选择工具放在DN_9390的结束点上。

这时出现了波纹修剪才会有的小胶卷的形状。

4 向左拖动结束点，缩短这个片段的时间长度，但是先不松开鼠标。

这时注意观察以下几个要素。首先，后续的两个B-roll片段随着修剪进行了波纹移动。在这个故事情节中你可以发现与主要故事情节中一模一样的磁性时间线的特征。

其次，在波纹修剪编辑点的时候，在检视器中出现了两个画面。左边显示的是打开机库门片段的新的结束点，右边则是片段DN_9465现有的开始点。这种并排的两分视图可以帮助你在修剪的时候观察到前后两个片段之间的关系。

5 参考两分显示视图，修剪片段DN_9390的结束点，令画面中的动作与后续片段衔接得更加自然。

至此，通过修剪操作，你可以感受到连接的故事情节中也具备了磁性时间线的优势。

除了波纹修剪之外，另外一个工具是卷动修剪。波纹修剪是调整了一个片段的时间长度（也就是可能会影响项目的时间长度），而卷动修剪是调整两个片段之间的切换位置，它不会影响其他片段或是整个项目的时间长度。在卷动修剪中，它会令前面片段的结束点和后续片段的开始点同时向左边，或者右边进行移动。如果延展了某一个片段一定数量的帧画面，那么一定会缩短另外一片段相同数量的帧画面。

针对刚刚修剪过的片段，卷动修剪用于确定更精美的镜头切换的时机。在波纹修剪中，你关注的是动作是否连贯。现在，当片段前后顺序与连续性都安排妥当之后，你需要考虑的是画面切换的时机。比如，镜头的切换应该是在Mitch接近直升机的摄像机的时候进行，还是在他下蹲的时候进行，或者是在他不动之后再进行切换。那么，卷动修剪就可以方便你测试这几种可能性。

6 在"工具"弹出菜单中选择修剪工具。

在使用卷动修剪功能的时候，需要首先选择修剪工具。

7 将修剪工具放在DN_9390和DN_9465之间的编辑点上。

当修剪工具位于编辑点上的时候，该工具就是卷动修剪，其图标上有两个小胶卷的形状，分别指向左边和右边。这表示DN_9390的结束点和DN_9465的开始点将会被调整。

8 向右拖动光标，直到Mitch完全蹲下。在检视器中可以看到两个画面。

9 再向左拖动光标，比较一下画面，确定在什么地方切换这两个片段更加合适。

卷动修剪可以移动两个片段之间编辑点的位置，以便找到一个最佳的切换点。卷动修剪与之前使用的波纹修剪都有一个前提，就是片段需要位于同一个故事情节中。相对地，普通的连接片段就不能使用这个功能。如果需要，必须预先将片段安排到同一个连接的故事情节中（或者只能在主要故事情节中），才能借助磁性时间线的特性来修剪片段。

练习 4.6.2
将片段追加到一个新的连接的故事情节中

在这个练习中，你将创建一个连接的故事情节，将一些新的B-roll片段追加到故事情节中。我们会用到一些在前面练习中针对主要故事情节所使用的快速批量处理和波纹修剪技术。

1 在资料库窗格中选择关键词精选Pre-Flight。

2 在关键词精选Pre-Flight中找到DN_9455。

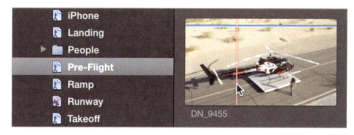

在这个片段中，Mitch走进他的直升机。这也是展现起飞前镜头的第一个片段。

3 在DN_9455中，在Mitch出现在画面中前面一点的位置设定开始点，在Mitch进入直升机后设定结束点。

下面，我们将仔细调整这几个片段的切换位置。

4 在项目中，将播放头放在Mitch刚刚说完"has been shot on the ground"的位置上。

你需要将第一个B-roll片段连接到这个点上。

5 单击"连接"按钮，或者按【Q】键完成操作。

NOTE ▶ 如果"连接"按钮是虚的，那么需要先将光标移到浏览器窗格中，单击一下，激活浏览器窗格。当按钮是虚的时候，你仍然可以随时使用【Q】键完成操作。

为了迅速地使用追加编辑剩下的B-roll片段，你需要先将已经剪辑到时间线上的第一个片段转换为一个故事情节。

6 按住【Control】键单击片段DN_9455，在弹出的快捷菜单中选择"创建故事情节"命令，或者按【Command-G】组合键。

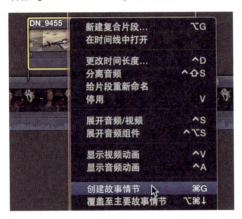

这样，该片段就被容纳在一个新的故事情节中。为了针对这个故事情节进行后续的剪辑，你必须选择故事情节，而不是其中的某个片段。

7 单击故事情节上的横栏，选择这个故事情节。

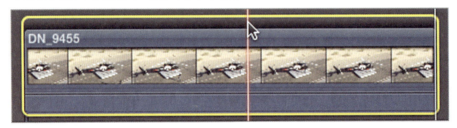

当你选择了故事情节后，它的四周会围绕着黄色的边框。下面操作的目的就是快速地将其他B-roll片段添加到被选择的故事情节中。

8 在浏览器中找到DN_9446。

9 将开始点设定在Mitch的脚放在机舱内踏板上的位置，结束点设定在镜头移开踏板的位置上，令片段的时间长度大约是6秒。

10 按【E】键将这个片段追加到被选择的故事情节的末尾。

NOTE ▶ 如果在按【E】键之前扫视了浏览器中的内容，且浏览器窗格是激活的，高亮显示的故事情节就是虚的。

你也可以一次将多个片段剪辑到故事情节中。

11 按照下表，标注多个片段的选择范围。

片段	开始点	结束点	选择范围
DN_9453	第3个拍摄Mitch的移动镜头的开始位置	在镜头移向控制台的位置结束	
DN_9454	打开开关，显示器出现变化的位置	再次调整开关，显示器再次变化	
DN_9452	螺旋桨开始旋转之前的位置	片段结束的位置	

在标注好这3个片段后，你可以同时选择它们，然后将其追加编辑到DN_9455和DN_9446的故事情节中。这个故事情节是有关起飞前的一组镜头。

12 当你仍然选择着DN_9452的时候，按住【Command】键单击DN_9454和DN_9453的选择范围。

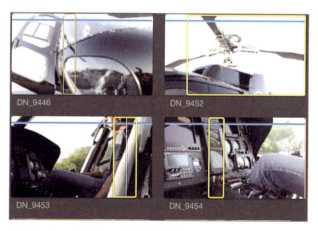

13 在项目中，确保起飞前的故事情节上面的灰色横栏仍然是被选择的。

请确认你选择的是故事情节的灰色横栏，而不是其中的片段DN_9455或DN_9446。如果时间线窗格是激活状态,那么故事情节的外框就是黄色的,或者,如果浏览器窗格是激活状态,那么外框就是灰色的。

当激活时间线窗格的时候,被选择的故事情节的模样

当未激活时间线窗格的时候,被选择的故事情节的模样

14 单击"追加"按钮,或者按【E】键,将选择的3个片段的片段范围追加到被选择的故事情节的末尾。

片段被放置在故事情节上的顺序是按照它们被选择的顺序决定的。

NOTE ▶ 激活时间线窗格后,你可以按【Command- -(减号)】组合键缩小显示时间线的视图。

在一个连接的故事情节内部进行编辑

此时,片段已经容纳在了故事情节之中,这样对其重新排列和修剪,就变得异常简单了。

1 将DN_9452拖到故事情节的最后面,位于DN_9453之后。

接下来,你将对片段进行波纹修剪,缩短整体的时间长度。目标是在主要故事情节的MVI_1055的末尾,这4个片段正好播放完毕。好,让我们开始工作吧!

当前被选择的片段DN_9453应该在MVI_1055结束之前一点的地方结束。这个问题反映出日常剪辑中最常见的一种工作,在浏览器中确定的片段范围仅仅是找到了需要的内容,而在故事情节中才会最终决定不同内容的位置与持续的时间。

剪辑师需要为观众呈现足够多的信息,以便观众通过画面、动作和声音来了解你要讲述的故事内容。在本例中,你希望在Mitch讲述航拍的全新感受的时候,观众看到起飞前的一些镜头。之后,螺旋桨开始旋转,直升机起飞。调整片段切换时机和节奏的工作不仅包括这些起飞前准备工作的镜头,也包括更早时候有关机库的一些镜头。

首先,让我们看看机库的故事情节。

2 在机库的故事情节中,波纹修剪DN_9390的开始点,让画面从能够看到机库门露出一点光线的地方开始。

通过检视器上的两个画面才能确定DN_9390的开始点

修剪好DN_9390的开始点后,就可以看到MVI_1042的画面了。你可以拖动故事情节的横栏,令其顶在项目最开始的位置上。

3 将该故事情节拖到项目最开始的位置上。

还记得之前你在主要故事情节中添加的空隙片段吗？你可以调整这个空隙片段，控制一下不同镜头出现的时机。将该片段时间变长，可以拉大起飞故事情节与采访片段MVI_1055之间的间隔。

4 在主要故事情节中，将第一个空隙片段的结束点向右边拖动，让它的时间长度变为2:15。

NOTE ▶ 为了获得准确的时间长度，你可能需要禁用吸附功能。在拖动编辑点的时候，按一下【N】键（不松开鼠标的时候），可以关闭吸附功能。

这时，在机库的镜头结束后，正好可以看到Mitch的采访镜头——Mitch在说"Nobody"。这个画面需要保持几秒，以便在后面课程中添加一个图形。后面接着的就是起飞前的故事情节了，它可以稍微靠前一点。

5 将起飞前的故事情节向左拖动一点，与对白中的"standpoint"对齐。

这几步剪辑为你获得了两秒左右的时间，但是你还需要修剪更多内容。

片段DN_9455显得太长了。在查看整个片段内容的时候，你会发现，片段后面的部分才是Mitch走进直升机里。修剪一下该片段的时间长度，可以令镜头显得更吸引人，同时也缩短了时间。

在修剪DN_9390的开始部分的时候，你使用了选择工具，并将整个故事情节都移动到了项目的开头。在这次操作中，你将使用修剪工具直接进行一次波纹修剪。

6 从"工具"弹出菜单中选择修剪工具，或者按【T】键。

7 向右拖动DN_9455的开始点，但是先不要松开鼠标。

在使用修剪工具拖动的同时，检视器中会显示出两个画面。右边显示的是DN_9455未来的开始点的画面。

8 参考检视器上右边的画面，将新的开始点设定在Mitch踩上直升机踏板的时候。

接着，再修剪一下DN_9455的结束点，使这个镜头变得更短一些。

9 向左拖动DN_9455的结束点，直到检视器上显示Mitch刚刚进入直升机为止。

这样，该镜头的时间长度就变为两秒左右，可以说是比较紧凑了。下面接着令DN_9446变短一些。

10 使用修剪工具向右拖动DN_9446的开始点，同时，请参考检视器中的显示，直到直升机的机身全部出现在画面中为止。

11 修剪DN_9446的结束点，令其时间长度为2秒。

NOTE ▶ 如果需要，可以禁用吸附功能。

下一个镜头应该先是DN_9453，接着是DN_9454。由于它们在同一个故事情节中，所以重新排列它们的次序就非常简单了。

12 切换到选择工具，将DN_9453拖到DN_9454的前面。

13. 继续修剪DN_9453，将开始点设定在Mitch在画面中央，即将向前走的时候。

14. 修剪该片段的结束点，令片段时间长度为1:20。结束的帧画面应该是Mitch用手操作仪表盘，并正好低于手腕的高度的时候。

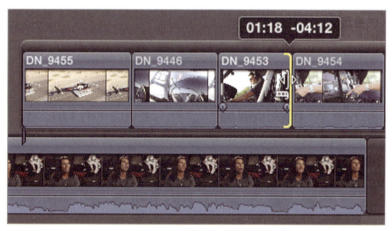

为了突出Mitch发动直升机引擎的动作，我们再进行一下剪辑。

15 在DN_9454中,将开始点设定在Mitch的手打开,并指向开关之前的位置上。

NOTE ▶ 你可能需要向左拖动,增加几个帧画面。

16 修剪结束点到Mitch手指顶起开关的时候,令片段时间长度为1:15。

最后,你将修剪直升机螺旋桨开始移动的片段。

17 将DN_9452的开始点修剪到螺旋桨刚刚开始旋转的位置。修剪结束点，令该片段时间长度为2秒。

好，我们还剩下一个B-roll的故事情节需要进行剪辑了！

创建和编辑第3个连接的故事情节

使用下表创建和修剪第3个起飞的故事情节。

NOTE ▶ 请注意，在资料库Lifted中有两个事件，其中包含可以用于当前项目的片段。

1 按照下表标注每个需要的片段。

片段	关键词精选	开始	结束	效果
DN_9463	Takeoff	在向前飞走之前	离开画面	
DN_9415	In Flight	在直升机飞到山坡前面的几秒	5秒的时间长度	
GOPR1857	In Flight	Mitch从座位后面伸出胳膊	5秒的时间长度	
IMG_6493	Flight Controls	在手离开镜头之前，眩光技术的时候	4秒的时间长度	
GOPR3310	In Flight	在后三分之一处，在Mitch向前倾身到阳光中的前面	5秒的时间长度	

片段	关键词精选	开始	结束	效果
DN_9503	In Flight	在一半的地方，直升机在树后	直升机出了画面的地方	
DN_9420	In Flight	直升机刚刚进入画面	直升机刚刚离开画面	

2 完成片段开始点和结束点的标注后，按住【Command】键单击这些片段，选择的顺序与上表相同。

NOTE ▶ 在资料库窗格中选择Lifted资料库，然后在"片段外观"中将片段高度设定得低一些，会令上面选择的操作更加方便。

3 在项目中，将播放头放在DN_9452刚刚结束的位置上。

下面，你将首先通过连接编辑把这些片段放置在项目中，然后再将它们成组容纳在一个连接的故事情节中。

4 单击"连接"按钮，或者按【Q】键，将被选择的片段连接入项目。

此时，这些片段已经放在项目中了。

5 在项目中，选择刚刚添加进来的片段。按住【Control】键单击其中任何一个片段，然后在弹出的快捷菜单中选择"创建故事情节"命令，或者按【Command-G】组合键。

这样，这些片段就被包含在了一个连接的故事情节中。这是项目中第3个连接的故事情节，我们将其称为起飞的故事情节。

你还有其他多个B-roll片段需要添加到项目中。不过，让我们暂停一下B-roll片段的处理工作，先为项目添加一段音乐片段。

参考 4.7
在主要故事情节的下方进行编辑

音频通常是出现在视频的下方并进行编辑的。但是在Final Cut Pro中，音频片段却既可以位于主要故事情节的上方，也可以位于其下方。音频片段之间的上下叠放关系并不像视频片段那么重要，Final Cut Pro是把所有的音频片段都混合在一起同时播放，无论是音效还是音乐。

练习
连接一个音乐片段

在粗剪过程中，你将会为影片添加一段背景音乐，从始至终都进行播放。这段音乐的后面还包括一段高潮，你将会用一个特殊的片段来匹配它。

1 在智能精选Audio Only中，选择片段Tears of Joy-Short。

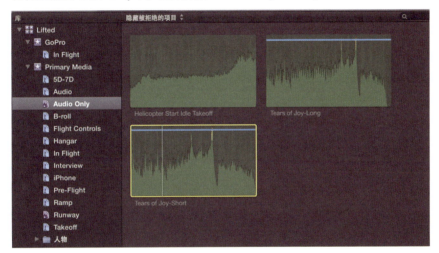

2 将播放头放在项目的开始，单击"连接"按钮，或者按【Q】键。

好，现在音乐片段已经添加在了项目开始的位置上。

目前，音乐的音量太高了。在时间线上，你可以直接调整音量。在每个音频片段上都有一个音量控制——横贯在音频波形图上的黑色横线。

3 将选择工具放在音乐片段Tears of Joy-Short的音量控制上。

当前音量的数值为0 dB，这表示Final Cut Pro目前是按照该片段的原始音量来进行播放的。

4 将音量控制向下拖到−15 dB左右，此时音乐片段将按照比原始状态低15 dB的音量进行播放。

在此之后，我们还需要添加更多的音频片段。因此，当前对音乐片段音量的调整仅仅是暂时的，目的是为了让其他音频内容可以被观众所听到。

参考 4.8
精细地调整粗剪

在工作流程中的这个部分，你的项目已经接近完成的状态。在结束了主要部分的剪辑后，你需要继续进行的工作就更加琐碎。虽然你仍然可能要进行一些大的改变，但是总体上已经看到成功的曙光了！在这个阶段，项目通常需要一些音频的调整，以及细微的修剪工作。因此，让我们通过滑动修剪来进行一些细节的调整。

滑动修剪可以在一个片段容器中改变其中的内容。它不会改变片段的时间长度或者是在项目中的位置，它改变的是该片段引用的源媒体的开始点和结束点。你可以假设片段就是iPhone，而片段内容就是iPhone中的照片。当你希望看到更早的照片的时候，可以用手指从左向右滑动，令时间早的照片滑动到屏幕上。如果向相反的方向滑动，就可以看到时间比较近的照片。

向右滑动可以看到时间更早的内容

在执行滑动修剪的时候，在检视器上会显示新的开始点和结束点的帧画面。在拖动的时候，这两个画面会实时地反映出当时的变化。松开鼠标，即可完成这次滑动修剪的编辑。

针对仅仅有音频的片段也可以使用滑动修剪。不过，在剪辑阶段，让我们通过音频渐变手柄为

音频片段增加淡入淡出的效果。每个片段的音频部分都具有渐变手柄，专门用于创建音频音量的渐变。

在项目中，目前已经具有基本的音乐片段、B-roll片段和安排好的采访片段。从视觉画面和音频内容上都已经进行了相应的修剪和对齐。在这里，我们将要继续调整某些片段的位置和节奏，以便与音乐片段的内容有所呼应。

练习 4.8.1
调整剪辑

在片段DN_9420中，日落的光线交错着透过直升机的窗户。在这个片段的位置上，音乐也达到了其高潮的阶段。在这个练习中，我们将进一步强化这种感觉。

1　在项目中选择DN_9420，扫视到阳光穿过直升机窗户的第一个帧画面。

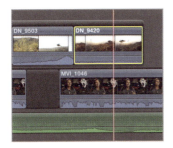

2　按【M】键设定一个标记。

标记会出现在扫视播放头的位置

接着，我们需要为音乐的高潮也设定一个标记。但是，采访片段的音频干扰了对音乐片段的识别。

3 选择音乐片段，然后单击"单独播放"按钮，或者按【Option-S】组合键。

这样，仅仅被选择的音频片段才是能被听到的。在界面上，所有其他没有被选择的片段都变成了虚的、黑白的。

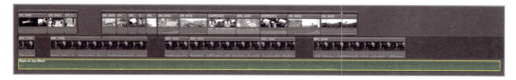

此时，可以清晰地听到音乐片段的内容了。让我们在音乐高潮的地方设定一个标记。

4 使用选择工具单击音乐片段，扫视到音乐高潮的位置，按【M】键设定一个标记。

5 设定好标记后，再次单击"单独播放"按钮，或者按【Option-S】组合键，停止独奏的功能。

接下来的任务是将两个标记对齐在一起。使用波纹修剪工具将B-roll变短，并延长最后一个空隙片段，令音乐的高潮与日落的部分对齐。

6 在起飞的故事情节中，使用波纹修剪从每个片段上移除几帧画面。你的目标是令日落的标记与音乐高潮的标记逐渐靠近。

以下是一些用于参考的修剪的位置：

- ▶ DN_9463的开始：此时直升机是否已经向前运动了，你需要在故事线中重新调整位置。
- ▶ DN_9415：对这个片段不要修剪得太多。这种风景的镜头需要多给观众一点时间来提高识别度。
- ▶ GOPR1857：修剪到Mitch转头之前。

经过这几步剪辑，两个标记应该基本上对齐了。

7 还可以使用波纹修剪，延长最后一个空隙片段，使它跨过音乐的高潮位置。为最后一个采访片段增加一些帧画面，以便在它开始播放的时候正好是音乐重新响起的时刻。

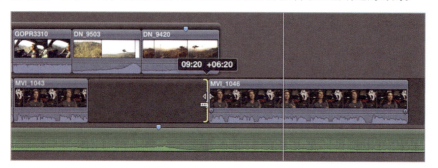

最后一步，你可以使用两种方法：波纹修剪之前的几个B-roll片段，或者针对DN_9420进行滑动编辑。

使用滑动编辑

使用滑动编辑是很保险的一种方法，它不会影响到其他已经剪辑好的B-roll片段。

1. 从"工具"弹出菜单中选择修剪工具，或者按【T】键。
2. 将修剪工具移动到DN_9420的中央。

此时光标就会显示为滑动工具的模样。

3. 拖动DN_9420，直到它的标记与下方的音乐片段上的标记对齐为止。

在使用滑动修剪工具进行拖动的同时，检视器上会通过两个画面显示DN_9420的新的开始点和结束点的帧画面。

在左边的画面显示了该片段的开始点，而右边的则是结束点。在你拖动滑动修剪的同时，这两个画面是实时更新的。尽管在本例中，观察这两个画面的内容并不显得十分重要，但是通过它们是非常有助于你对片段内容的判断的。

4. 在对齐了两个标记后，播放整个项目。如果需要，滑动修剪B-roll片段，令画面展示出这些片段中最符合故事内容与影片节奏的部分。

在审查影片的时候，你可以问自己几个问题：在仪表/GPS面板的镜头中，能够避免镜头眩光吗？还是需要更多的眩光画面？影片中Mitch靠向后面并指着窗户的镜头是不是应该少一点？或者你需要增加一些Mitch向前面指的画面？

练习 4.8.2
调整片段音量

音频混音有两个基本准则：一是不能超出最高音量的限制，二是如果效果不好，那么就进行调整。这些调整应该是主动进行的，而且是有章法的。比如你不能不断地提高某个片段的音量，以至于它明显高于其他周围的片段。如果采访片段中对白的声音显得比较弱，那么不要贸然提高其音量。你需要的可能是降低音乐或者B-roll片段的音量。

在本次练习中，你将简单地调整一下片段的音量，令采访对白听得更加明晰，同时保证音频混音后不会到达音频指示器中0 dB的峰值点。一个更加保险的参考是：不要令任何最高音量超过音频指示器中的–6 dB。

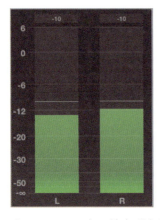

1　在Dashboard中，单击"音频指示器"按钮。

这样，在时间线的右边就会显示出大号的音频指示器。我们将在第6课中详细介绍音频混音的技术，在本课中是通过这个指示器来确保音频峰值不超过0 dB的。

之前，你已经单独调整了两个片段的音量。如果你希望同时调整多个片段的音量，那么就需要使用键盘快捷键。

2 在起飞故事情节中，选择所有B-roll片段。

3 请注意观看片段上的音量控制，同时按【Control- -（减号）】和【Control- =（加号）】组合键降低或者提高所有被选择片段的音量。

4 继续播放项目中的其他部分，在监听音频的同时观察音频指示器。如果需要，选择某个片段，或者选择多个片段，使用音量控制或者键盘快捷键令混音后的音量不超过0 dB。更重要的是，务必保证Mitch的谈话内容是清晰的。

在音频指示器中，音量读数上的峰值指示信号是一条非常细的横线，确保它不要经常超过-6 dB。

▶ **有关音量控制**

在处理音频之前，你应该明确两个音量控制的途径。一个是在Final Cut Pro中控制每个片段的音量，这也是唯一会影响观众的途径。另外一个则是调整你的苹果计算机扬声器或者是外接音箱的音量。后者不会影响Final Cut Pro中片段的实际音量。

苹果计算机内置的扬声器的质量很不错，但是却仍然满足不了专业的剪辑工作。因此，你至少要有一副头戴的监听耳机，或者，最好是有一对近场监听音箱。音频监听设备是提高你影片音频质量的关键设备。你自己没有良好的设备，并不代表其他人没有。如果观众在高质量的听音环境下观看影片，可能会听到你从来没有发现过的问题。

练习 4.8.3
连接两个新的B-roll片段

我们还需要添加两个新的B-roll片段，才能正式完成有关的粗剪工作。在目前的影片中，日落的光线从直升机的窗户中穿过来，配合的是音乐的高潮与短暂的停止。之后，音乐再次响起，接着是Mitch最后一段采访。最后，影片可以在直升机降落、日落的天空中完美结束。

1 在事件GoPro中，找到分配了关键词Landing的片段。

在关键词精选Landing中找到GOPR0009

2 在浏览器中扫视到直升机完全显示在画面中的地方，设定一个开始点。

目前，被选择的片段范围长达30秒。实际上你最多需要10秒的内容。

3 扫视GOPR0009，在直升机降落的地方设定结束点。

这样，片段范围的时间长度就在10秒左右了。

4 使用连接编辑的方法将直升机降落的片段连接到主要故事情节上，其位置在音乐重新响起的地方，同时是在Mitch开始说话之前一点的位置。播放剪辑观看效果。

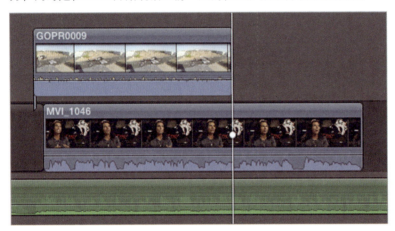

现在的剪辑效果太生硬了：日落的片段直接切到黑屏上，另外一个片段从黑屏上冒出来。在修复这个问题之前，先添加另外一个片段。

5 在浏览器中，找到In Flight中的B-roll片段DN_9424，它的画面是直升机飞入日落。

6 首先，让我们将开始点设定在直升机进入画面之前的位置。该片段将会在Mitch说完最后一段话后出现在画面中。之后，我们再对其进行细微的调整。

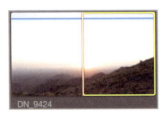

7 将片段DN_9424连接到主要故事情节上，正好在Mitch说"Adventure I went on"的地方。修剪片段的结尾，令其与音乐片段对齐。

好。审查一下剪辑效果。让我们再为画面增加一点缓冲——将开始点向左边移动一点。

8　向左拖动DN_9424的开始点,直到Mitch说"Wow"之前一点的位置。

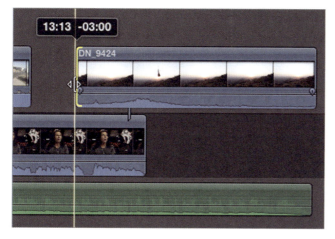

9　在添加了这两个片段后,花一点时间调整一下它们的音量,令它们的音频与其他片段的音量听起来的感受是一致的。

好!粗剪完成!最后再进行一点修饰的工作,令镜头之前的切换更自然一些。

练习 4.8.4
使用交叉叠化和渐变手柄修饰编辑点

在某些音频片段的开头或者结尾处会有一种滴答的声音。每个片段都会有这种潜在的问题。一种快速解决该问题的方法就是为音频的音量添加上渐强和渐弱的效果。

▶ 音频的咔嗒声

在每个完整的音频波形周期中都包括波峰和波谷。

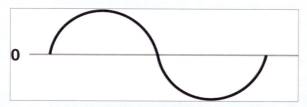

在每个周期中,波形都会穿过0点两次,先是波峰,然后是波谷,如此往复。若某个音频片段的开始点并不位于波形图中0的位置,当播放头扫过该开始点时,你可能就会听到咔嗒声。

1　在第一个采访片段的末尾,将光标移动到MVI_1042的音频波形上。

此时在片段的两端出现了两个渐变手柄，通过它们可以快速地为音频内容创建渐强和渐弱的效果。

2 将光标移动到片段末尾的渐变手柄上。

当光标位于渐变手柄上后，光标的形状会变成分别指向左右两边的两个小三角箭头。

NOTE ▶ 如果觉得界面上的渐变手柄难于操作，那么可以在时间线右下角的片段外观中调整片段高度。另外，也可以选择显示更大面积的音频波形。

3 向左拖动渐变手柄，移动5帧。

移动的帧数取决于采访片段中对白的情况。注意，你不能令Mitch说的话语也变得难以听到。

4 将光标放在下一个采访片段的开始位置。

5 向右拖动开始点上的渐变手柄，制造出一点渐强的效果。

好，咔嗒声消失了。在录制音频片段的时候，如果录进了很多环境噪声，那么简单的直切会令片段显得很突兀，因为听众会感觉到环境噪声突然消失了。这些音频渐变的效果则令片段的开始与结束变得更加柔和。此外，你也可以对视频编辑点添加渐变的效果。比如当片段从黑屏切入的时候，就可以添加一个淡入的效果。这里落日的片段需要一个简单的淡入淡出的转场。

这次，你将使用键盘快捷键添加一个默认的转场——交叉叠化。交叉叠化位于两个片段之间，通过逐渐调整片段的透明度，令两个片段的画面逐渐融合。其中一个画面逐渐消失，另外一个画面逐渐出现，直到完成画面的切换。如果仅仅对片段的一端添加交叉叠化，那么画面会从黑屏变化为该片段的画面，称为淡入；或者是从该片段的画面变化为黑屏，称为淡出。在项目中添加若干个交叉叠化后，会令整个影片显得更加平顺。

6 使用选择工具，选择阳光穿过窗户的片段的开始点，然后按【Command-T】组合键添加一个"交叉叠化"转场。

交叉叠化的时间长度是1秒，它将左边片段的末尾与日落的镜头衔接起来。这也令影片结尾的节奏缓慢了下来。

NOTE ▶ 在为连接片段添加了转场后，该连接片段和转场会自动被容纳到一个新的故事情节中。

在Final Cut Pro中还有很多不同的转场，你也可以定制它们的模样。在此，让我们再添加几个"交叉叠化"转场。

7 选择阳光穿过窗户的片段的结束点，然后按【Command-T】组合键添加一个"交叉叠化"转场。

8 选择片段GOPR0009的开始点，然后按【Command-T】组合键。

9 播放项目，检查转场的效果。

请注意，在直升机降落片段的画面从黑屏淡入的时候，突然闪现出了Mitch在摄影机前讲话的画面。请检查一下片段叠加的位置，你会发现，在转场没有进行完的时候，播放头就接触到Mitch的采访片段了，这令Mitch的画面从半透明的转场中露了出来。

10 有两个方法可以解决这个问题。第一个是向左拖动GOPR0009故事情节，直到转场的结束点位于Mitch采访片段的左侧。第二个是向右边延展空隙片段的结束点，向右边推走Mitch的采访片段。

你可以选择其中任意一种方法来解决这个问题。接着，再为一个片段添加转场。

11 在项目中选择片段DN_9424，按【Command-T】组合键。

在这次操作中，片段的开头和结尾同时添加上了转场，都是默认的"交叉叠化"，有1秒的时间长度。

12 将光标放在转场左边的边界上。

这时，你可以调整转场的时间长度。

13 向左拖动转场的开始点，直到时间长度增加为两秒。

这样，影片结尾的淡出就变得更缓慢了一些。

14 审查整个项目，观看画面切换，注意音频转换的效果。这里有个小技巧：尽量少用视频转场！

好，在添加了音频的渐强和渐弱，以及视频的淡入淡出效果后，你的粗剪已经完成。下一步是将影片呈现给客户观看的工作。

参考 4.9
共享你的工作

当项目可以分享给其他人的时候，你可以在Final Cut Pro中导出影片。在"共享"弹出菜单中包含一些预置好的常用目的位置。

预置的目的位置包括适合计算机播放的格式，如Apple ProRes和H.264，以及iOS设备、DVD/蓝光和在线视频的格式。你可以修改这些预置的参数，或者为预置列表添加新的目的位置。通过Compressor软件（这是一款在App Store中可以购买的转码软件），可以调整更多的预置参数。

NOTE ▶ 由于版权的原因，除了本书的练习操作之外，你不能将本书中的源媒体素材用于任何其他用途。

练习
共享一个iOS兼容的文件

通过前几课的练习，你已经完成了Lifted Vignette的粗剪工作，熟悉了Final Cut Pro典型的后期制作流程。尽管还有许多可以改善的地方，但是影片需要在这个阶段播放给其他人观看了——因为即将有一个客户、制作人和同事一起参加的会议。在这个练习中将会简要地介绍导出不同影片文件的方法，以便在计算机、智能手机或平板计算机上播放，或者是上传到流行的视频网站上。

1 在项目Lifted Vignette中，按【Command-Shift-A】组合键，确保没有选择任何片段或是片段范围。

这个键盘快捷键取消了对任何项目或是片段范围的选择。否则，Final Cut Pro将会共享被选择的内容，而不是整个时间线上的所有内容。

2 在工具栏中单击"共享"按钮。

在"共享项目"菜单中罗列了几个预置的目的位置，每个都设定了导出高质量影片的方法，包括在Apple移动设备、计算机和在线视频网站上播放的高清晰度影片。在本练习中，我们将要创建一个可以通过AirPlay和Apple TV在会议室中播放的影片。

3 在目的位置的列表中选择"Apple设备720p"选项。

在共享对话框中有4部分主要内容：支持扫视的预览图，可以审查导出的影片内容；"信息"和"设置"选项卡；具有导出文件设置摘要信息的文件检查器。

在"信息"选项卡中显示了将会被嵌入到文件中的元数据。在使用QuickTime Palyer播放这个文件的时候，在其信息检查器中将会显示出这些元数据信息。

请进行如下元数据设定：

- 标题是：Lifted-Rough Cut。
- 描述：A helicopter pilot and cinematographer describes his passion for shar- ing aerial cinematography。
- 创建者：[你的名字]。
- 标记：aerial cinematography, helicopters, aviation。

NOTE ▶ 每个标记之间是通过逗号来区分的。或者，输入一个标记的文本后，按一下【Enter】键。

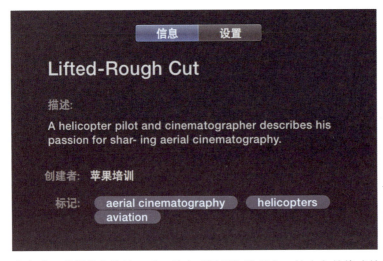

在完成元数据信息的输入后，单击"设置"选项卡，检查文件格式的信息。

在默认情况下，存储的影片文件会自动添加到iTunes的资料库中。在"添加到播放列表"弹出菜单中，你可以修改这个设定。

在"添加到播放列表"弹出菜单中选择"QuickTime Player（默认）"选项。

NOTE ▶ 如果打开方式中列出的是其他软件，那么可以选择"其他"选项，然后从应用程序文件夹中选择QuickTime Player。

在"设置"选项卡中，"添加到播放列表"变成了"打开方式"，且选项为"QuickTime Player（默认）"。

7 单击"下一步"按钮。

8 在"存储为"文本框中输入Lifted-Rough Cut。如果需要，选择"桌面"选项，然后单击"存储"按钮。

后台任务按钮将会显示处理的进度。

当文件导出完毕后，会自动使用QuickTime Player打开这个文件。同时，操作系统还会弹出一个通知。

NOTE ▶ 在QuickTime Player软件中，按【Command-I】组合键则可以打开QuickTime检查器窗口。

9 在QuickTime Player中播放影片。

如果文件的视频和音频质量都没有问题，那么你可以通过多种方法将文件发布到Apple TV上。在QuickTime Player的"共享"下拉菜单中具有一些OS X内置的分享服务。

10 在QuickTime Player播放控制横栏的右边，单击"共享"按钮，展开"共享"下拉菜单。

发送文件到	使用方法
Mac	AirDrop
iPad、iPhone	信息
主机服务	Vimeo、Facebook、YouTube、Flickr

▶ 如果你还没有设定互联网账号，那么OS X会要求你针对选择的服务输入你的用户名和密码。

▶ 如果使用信息将文件发送到iPad或者iPhone上，当信息送达的时候，从信息共享菜单中选择"存储视频"选项即可。在iOS的照片程序中，该文件就可以分享到AirPlay中了。

▶ 如果选择了使用主机服务共享，比如Vimeo，那么你可以直接在Apple TV的Vimeo程序中访问这个文件。

或者，你也可以使用Dropbox等文件共享的服务将文件传送到iPad或iPhone上。

在QuickTime Player中使用AirPlay

当需要将文件通过运行OS X的苹果计算机播放到Apple TV上的时候,你必须使用正确的视频分辨率。你可以通过AirPlay映射桌面的全部分辨率,或者令桌面适合于Apple TV的1920×1080像素分辨率。当前QuickTime Player中的视频文件的分辨率为1280×720像素。如果强迫QuickTime Player变成桌面的分辨率将会降低视频回放的质量,那么你可以通过以下方法令QuickTime Player处在视频文件的分辨率下。

1 在QuickTime Player中,单击AirPlay按钮。

2 从连接到的选项中,选择希望使用的Apple TV。

在连接上Apple TV后,AirPlay按钮会变为蓝色。

3 连接好后,再次单击AirPlay按钮。

4 在"将桌面大小匹配到:"选项下,选择"Air Play显示器"选项。

5 返回到QuickTime Player中,播放视频。

6 在QuickTime Player中,选择"显示 > 进入全屏幕"命令。接着,选择"显示 > 实际大小"命令。

此时，在Apple TV中，视频将会按照点对点的方式显示1280×720像素的视频画面，其周围会有黑色边框。

NOTE ▶ 如果你具有第二代Apple TV，那么视频就会充满整个屏幕。

好，现在已经完成了第一个项目Lifted Vignette的粗剪的所有工作。在很短的时间内，你就创建了影片项目，学习了很多剪辑的方法，如追加、插入和连接等。在主要故事情节中，利用磁性时间线的优势重新排布了多个片段。在使用B-roll片段的时候，学习了创建连接故事情节的方法。并熟悉了多个修剪工具，以及为视频和音频增加渐变效果的技术。最后，你学习了几种将影片从Final Cut Pro共享给他人的方法。在以后的工作中，无论你剪辑一个什么样的项目，都会遵从这几课中介绍的基本流程：导入、剪辑和共享。

课程回顾

1. 在创建新项目的时候，自动设置的作用是什么？
2. 项目存储在什么地方？
3. 在下图中，正在进行哪个剪辑操作？

4. 在下图中，正在进行哪个剪辑操作？

5. 工具栏上哪个按钮的作用是执行一次追加编辑？
6. 在片段缩略图上的绿色、蓝色和紫色横线分别表示什么意思？

7. 在浏览器的连续视图中，按住哪个键可以按照选择片段的顺序将这些片段剪辑到时间线上？
8. 在进行插入编辑的时候，参考点是扫视播放头的位置，还是播放头的位置？
9. 在下图中，正在进行什么样的修剪操作？

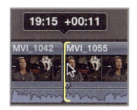

10. 在浏览器中，哪两个界面元素可以提高扫视的精确度？
11. 在下图中，在检视器中叠加的图形表示什么意思？

12. 在主要故事情节中，可以通过什么样的片段来调整片段之间的间隔？
13. 通过哪个命令可以一次性地达到下图的效果？

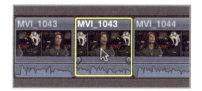

之前

之后

14. 根据下图，请说明不同的光标形状对应了什么样的剪辑功能。

A

B

C

15. 如果需要将一个片段追加剪辑到一个连接的故事情节中，在按【E】键之前，你必须选择什么？但是不应该选择什么？

16. 在下图中，–15 dB 表示了什么？

17. 如何才能显示出音频指示器？

18. 参考下图，请描述转场在播放时候的效果。

19. 请描述导出兼容于 iOS 和 Apple TV 影片的方法。

答案

1. 根据第一个添加进来的视频片段来决定项目的分辨率和帧速率。
2. 项目存放在一个指定的事件中。
3. 追加。
4. 插入。
5.

追加编辑按钮

6. 个人收藏、用户分配的关键词和分析关键词。
7. Command。
8. 如果激活扫视播放头，那么就按照扫视播放头的位置。否则，按照播放头的位置。
9. 波纹修剪。
10. "缩放"滑块可以令你在水平方向上看到更多的片段内容，在"片段外观"界面则可以提高片段的高度、显示或者隐藏音频波形。

11. 扫视播放头或者播放头位于片段第一帧的位置上。
12. 空隙片段。
13. 替换为空隙，或者称为举出（键盘快捷键是【Shift-Delete】）。
14. A：波纹；B：卷动；C：滑动。
15. 必须首先选择连接的故事情节上的横栏，不能选择位于故事情节中的某个片段。
16. 这表示音量控制被降低了，片段音频将会按照比片段录制的音量低15 dB的音量进行播放。
17.

显示/隐藏音频指示器

18. 片段GOPR009的画面从黑屏中逐渐显露出来，但是在中途会突然显示出Mitch的采访画面。直到GOPR009的画面完全不透明后，观众才不会看到Mitch的采访画面。
19.
单击"共享"按钮

第5课
剪辑的修改

第二阶段的剪辑工作涉及很多明确的修改任务，包括制片人提出的建议、客户的意见。经过了一夜休息，再回顾一下影片，你自己可能也会发现一些新的问题。这些新的反馈信息都会对第二阶段的剪辑产生影响，比如增加一些新意，或是在艺术与真实感上做出妥协。实际上，你还必须要考虑工期和费用。时间和金钱也是界定你影片效果的重要因素。

在本书中，我们的客户是假设的，所以，让我们乐观地继续本书的学习吧！目前，客户认为Lifted Vignette的粗剪还是很不错的！他们也提出了一些意见，比如，有些航拍的镜头没有放在影片中。客户也希望影片的时间应该再长一些。

学习目标
- ▶ 了解复制项目的两种方法
- ▶ 学习替换编辑
- ▶ 使用Dashborad定位播放头的位置
- ▶ 使用标记进行片段同步和注释工作任务
- ▶ 创建和编辑试演片段
- ▶ 使用修剪到播放头和修剪到所选部分功能

在本课中，你将尝试一些新的处理主要故事情节的方法，包括修改和重新排布之前的剪辑，在处理音乐和采访对白的关系的同时，将主要故事情节的时间变长一些。此外，你还要加入几个航拍的镜头，以匹配对白的内容。增加一些音乐和B-roll片段，令对白与画面配合的节奏感更加顺畅。

在第二部分的剪辑中，你将学习替换编辑、试演、标记，以及修剪到播放头或者修剪到所选部分。这些工具很容易使用，所以，学习任务并不是很繁重。在这里，你将感受到之前对元数据的整理工作所带来的巨大优势。此外，磁性时间线、连接片段和故事情节都会令剪辑的修改工作，甚至故事的重建都变得非常轻松。Final Cut Pro简化了技术操作，可以协助你将精力完整地投入到影片创作之中。

粗剪完成后的Lifted Vignette

参考 5.1
多版本的项目

在开始调整剪辑工作之前,你需要了解一下有关版本的信息。版本就是当前影片项目的一个备份,你可以在粗剪的时候、配合音乐的时候、调色的时候,分别给项目制作一个备份。或者,如果你希望有不同的剪辑结果,但同时希望保留所有这些剪辑的时候,就可以通过不同版本来实现这个目标。Final Cut Pro对版本的数量没有限制,完全取决于你的实际需求。版本有两种:一种是快照,一种是复制。

将项目复制为快照

创建快照就相当于为当前的项目拍摄了一张数码照片,它把项目的状态完全定格,存放在这个快照中。之后,原始项目与它的快照就没有关系了。你可以在快照的基础上进行剪辑,或者把快照当作一个备份,继续在原始项目上进行剪辑。

"快照"这两个字会自动添加到项目的名称中

复制项目

相对于快照,复制则更加动态。复制得到的项目可以作为备份,还可以共享给其他剪辑师。与快照不同的是,项目中某些特殊的片段类型,比如复合片段,会保持动态更新。如果它们发生了改变,那么所有复制的项目都会发生改变,除了快照。

练习
制作一个项目的快照

现在,项目的剪辑可以作为一个版本保留下来了。接下来,你将要对某些部分实现不同的剪辑效果,因此,我们把目前的版本存储为一次快照,以便日后进行检查和比较。同时,建立一个智能精选,将所有快照都存放于此。

1 在事件Primary Media中,找到项目Lifted Vignette。
2 按住【Control】键单击项目Lifted Vignette。在弹出的快捷菜单中选择"将项目复制为快照"命令,为当前的项目制作一个快照。

好，在复制得到快照后，你需要创建一个智能精选，以便更好地管理这些项目和快照。

创建一个项目的智能精选

这个智能精选将会自动收集在本书练习中创建的项目和快照。

1. 在资料库Lifted中，按住【Control】键单击事件Primary Media，然后从弹出的快捷菜单中选择"新建智能精选"命令。

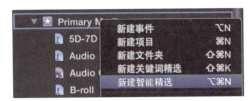

这样，在资料库窗格的Primary Media事件中就会出现一个空的智能精选。该智能精选的名称是"未命名"。我们先给它一个合适的名称。

2. 使"未命名"智能精选处于可编辑状态，输入Projects，然后按【Enter】键。

接着，你需要为智能精选定义搜索条件，以便它自动收集项目。

3. 在资料库窗格中双击智能精选Projects，打开"过滤器"界面。

在第3课中，你在这个"过滤器"界面中进行过搜索条件的设定。这次，我们进行类似的操作，为智能精选设定搜索条件。

4. 单击加号下拉按钮，选择"类型"选项。

5. 在"类型"的两个弹出菜单中，选择"是"和"项目"选项。

此时，这个智能精选会收集所有的项目和快照，并显示出来。

6 关闭"过滤器"界面。

你将会继续在项目Lifted Vignette中进行剪辑。该项目的快照则用于不时之需,比如客户不喜欢第二次剪辑的效果,或者无意中删除了某个文件。

参考 5.2
从一个故事情节中举出

在第二次剪辑中,相应的修改工作可以非常多。在第一次剪辑符合了客户的基本要求后,可以对剪辑进行一些小的调整,然后进行导出。在第二次剪辑中,更常见的情况是你做出的修改很可能比较大,甚至是完全重构故事叙述的方式。无论你决定如何进行第二次剪辑,Final Cut Pro都能够保持所有内容的同步。磁性时间线、连接片段和在第一次剪辑中创建的故事情节都会为第二次的修改和调整带来极大的便利。

音乐替换了主要故事情节中的采访片段

在第二次剪辑中,将主要处理音乐和采访片段。你将尝试不同的工作流程,将采访片段从主要故事情节中举出,使用更长时间的一段Tears of Joy来替换它们。这个操作极其简单,同时,Final Cut Pro还可以保证所有连接片段和故事情节的同步。

在故事情节中的航拍片段

我们要添加一些表现广阔天空的素材,为音乐的高潮部分添加一个尖叫的镜头。你会发现在Final Cut Pro中将声音与图像搭配起来,是一件轻松愉快的事情。

练习
将片段举出故事情节

从表面上看,使用音乐片段来代替主要故事情节中的所有采访片段将是一个很麻烦的工作,但是不用担心,Final Cut Pro可以轻松地帮你搞定。

1 在主要故事情节中,选择MVI_1042,然后按住【Shift】键单击故事情节末尾的最后一个采访片段,这样就可以同时选择所有的采访片段和空隙片段了。

2 按住【Control】键单击任何一个已经选中的片段，从弹出的快捷菜单中选择"从故事情节中拷贝"命令。

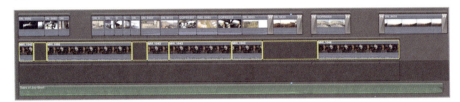

此时，采访片段与空隙片段一起从主要故事情节中移动出来，被放置在一个新的故事情节中。我们可以把这个故事情节称为采访片段故事情节。而在主要故事情节中，原来的空隙和采访片段所在的位置被一个完整的空隙片段所代替。同时，为了防止片段之间的冲突，Final Cut Pro将原来第二排的片段推高到了第三排。在播放影片的时候可以发现，项目内容与之前相比没有任何变化。接下来，让我们添加一些新的音乐片段。

参考 5.3
替换片段

如果你发现某个片段不太合适，那么可以使用其他片段来代替它。或者，因为情节变化，需要使用另外一个片段内容。Final Cut Pro包括5种替换编辑的方法。在本节中，我们将介绍其中的3种：替换、从开头替换和从结尾替换。当你将新片段拖到现有片段上的时候，就可以考虑选择使用某个替换的方法了。

"替换"命令会按照浏览器中片段的时间长度将它放置在故事情节中。如果浏览器中片段的时间长度比项目中现有片段的要长，那么项目整体时间就会延长。如果浏览器中片段的时间长度比项目中现有片段的要短，那么项目的整体时间就会缩短。

时间线上的片段是3秒的时间长度

浏览器上7秒的片段替换了时间线上原有的3秒的片段

"从开头替换"和"从结尾替换"都是将浏览器中的片段放置到故事情节中,但是保持故事情节中被替换的原有片段的时间长度。如果浏览器中的片段比项目中的片段要长,那么来自浏览器的片段就会被剪短。"从开头替换"会将两个片段的开头对齐,将浏览器片段后面超出的部分剪掉。"从结尾替换"则是将结尾对齐,将浏览器片段前面超出的部分剪掉。

时间线上的片段是3秒的长度

无论是使用"从开头替换",还是使用"从结尾替换",时间线上的片段仍然会保持3秒的长度

在这3种替换编辑的方法中,如果浏览器中的片段没有足够长的媒体内容,那么Final Cut Pro就会执行一次波纹修剪,被替换后的片段的时间长度会比原来短。如果在浏览器片段被选择的范围之外还有足够长的媒体内容可以使用,那么Final Cut Pro就会使用这些媒体内容,以避免进行波纹修剪。

时间线上3秒的片段被来自浏览器的1秒的片段所替换

练习 5.3.1
在主要故事情节中进行替换

你已经将采访片段从主要故事情节中移动了出来。让我们删除旧的音乐片段,然后添加更长的一个版本。

1 在项目Lifted Vignette中选择现有的音乐片段,按【Delete】键。

清除了时间比较短的音乐片段后,就可以将新的版本添加进来了。它将会替换主要故事情节中

的空隙片段。

2 在事件Primary Media中，选择智能精选Audio Only，然后找到Tears Of Joy-Long。

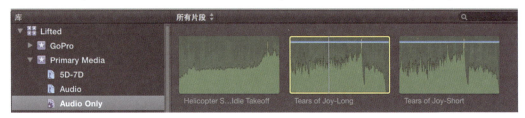

3 从浏览器中将音乐片段Tears Of Joy-Long拖到主要故事情节中的空隙片段上。当空隙片段高亮显示为浅灰色的时候，松开鼠标。

4 在弹出的快捷菜单中选择"替换"命令，因为我们需要音乐片段全部长度的内容。播放项目，监听效果。

这样，空隙片段被新的音乐片段所替换。接着，对音乐片段再进行一点调整。

5 使用选择工具，选择音乐片段音频波形上的音量控制横线，将其向下拖到-12dB左右，令整个音乐片段的音量都降低。

NOTE ▶ 按【Shift-Z】组合键键可以令时间线中所有的内容适合于当前窗口来显示。

▶ **我必须要进行举出和替换编辑吗？**

在这个练习中操作的举出编辑的方法正好体现了Final Cut Pro的强大功能与灵活性。虽然你也可以不执行举出编辑，将采访片段保留在主要故事情节中，但是本练习的目的是希望你能了解到Final Cut Pro的多种不同的剪辑方式。

练习 5.3.2
创建Time at 0:00

根据新的项目的时间长度，你需要将一些新的片段填充到时间线上。在导入新的航拍的片段之前，我们先处理几个剪辑问题，为后续的工作做好准备。

从目前看，在影片的开始阶段很适合加入几段新的视频。项目的第一段中已经包含了完整的动作，时间足够长了。因此，我们来处理一下机库门打开的片段。

1. 在浏览器窗格中选择智能精选Hangar，扫视片段DN_9488。

这个片段中的内容是机库门关闭的镜头，但是我们并没有将它视为被拒绝的镜头。现在，让我们把该片段反向播放，那么它就可以变为机库门打开的镜头了。

NOTE ▶ 确认激活了扫视功能，按【S】键可以快速地开启或者关闭这个功能。

2. 在片段DN_9488中，在机库门刚刚关闭的地方设定结束点。

假设我们需要这个镜头维持3秒的时间，那么就应该在当前播放头的前面3秒设定片段的开始点。你可以通过输入数值的方法，将播放头向左移动3秒的长度。

3. 按【Control-P】组合键，在Dashboard上的数值就会被清除，等待你输入新的数字。

在输入数值的时候，既可以输入一个时间码的数值，令播放头跳转到该位置上，也可以输入一个播放头移动的位移量的数值，比如从当前位置向前或者向后移动多少距离。

4. 在键盘上按【-（减号）】键，接着输入数字3和.（句点）。

此时，Dashboard上会显示出播放头将要向左边移动3秒的长度。

5. 按【Enter】键，然后按【I】键设定一个开始点。

为了体会这个新片段的效果，让我们把它连接到主要故事情节上。

6 将播放头放置在项目的最开始，按【Q】键，将浏览器中选择的片段范围连接到主要故事情节上。

新片段的位置是对的，但是播放的方向是错误的。接下来，我们制作反向播放的效果，使机库门逐渐打开。

7 在项目中选择片段DN_9488，单击"重新定时"按钮。

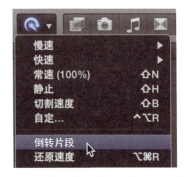

在第6课中将会详细介绍有关重新定时的操作，在这里，我们仅仅制作一个简单的效果。

8 在"重新定时"下拉菜单中选择"倒转片段"命令。

在片段上方会出现一个横栏，其中带有指向左边的小箭头，表示该片段的播放方向与其原本的方向是相反的，这令镜头中的机库门变成了逐渐打开。现在，我们先隐藏片段上方的横栏。

9 从"重新定时"下拉菜单中选择"隐藏重新定时编辑器"命令，或者按【Command-R】组合键。

倒转片段的效果看起来不错,但是,两个机库门打开的镜头有些互相干扰了。要将这个新的机库门的片段,放在原来那个机库门前面播放。此外,在这里也不需要听到Mitch说话的声音。因此,我们按照之前学习过的方法,插入一个空隙片段,调整一下镜头之间的节奏。这次,我们需要把空隙片段插入到连接的采访片段的故事情节中。

10 单击采访片段故事情节上的灰色横栏,然后将播放头放置在故事情节最开始的位置。

11 按【Option-W】组合键插入一个默认的、3秒长的空隙片段。

采访片段整体向右移动了3秒，而B-roll的片段则没有移动。当前，B-roll的故事情节是连接在主要故事情节中的音乐片段上的。在这个故事情节中，机库的片段同样连接在音乐片段上，并没有受到采访片段故事情节中波纹编辑的影响。下面，让我们将片段DN_9488放到机库的故事情节中。

12 将片段DN_9488拖到片段DN_9390的上面，此时，在故事情节的前面会腾出一段空间（被蓝色的边框所包围）。

13 看到蓝色边框的空隙片段后，松开鼠标。

将片段容纳在一个故事情节中后，片段之间的关系就是磁性的了。现在，你可以使用修剪工具调整两个片段之间的切换位置。

扫视剪辑点附近的画面，第一个片段结束的时候，机库门刚刚开了一个小缝。

> **NOTE ▶** 当你单击并按住两个片段之间的编辑点的任何一侧的时候，检视器上都会显示出两个画面，这有助于你进行镜头切换位置的判断。

14 将光标放在DN_9390的开头。

15 当波纹修剪的光标中的小胶卷指向右边的时候，向右拖动，并观看检视器中的两个画面。

修剪两个机库门的片段,直到画面中的动作比较自然为止。你需要获得的画面包括机库门打开、Mitch走到直升机前面,其切换节奏要很从容。

在前两个片段中的机库门马达运转的声音是需要保留下来的。在第6课中将会增加一些音频效果,在这里,让我们将音乐开始的时间向后推迟一点。

16 将播放头移动到项目最开始的地方,按【Option-W】组合键插入一个空隙片段。

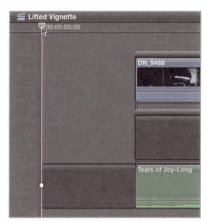

此时,空隙片段插入到了主要故事情节中,你需要使用机库的故事情节来遮挡这个空隙片段的画面。

17 向左拖动机库故事情节的横栏,令其遮盖住空隙片段。

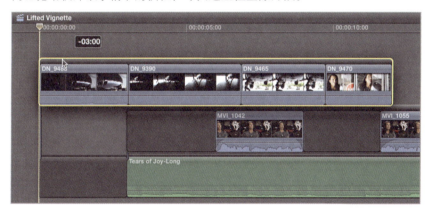

18 在主要故事情节中拖动最前面的空隙片段的结束点,令这个空隙片段的时间长度为3秒半左右。

NOTE ▶ 当前项目的帧速率是23.98,所以该空隙片段的时间长度为3:12。

19 调整采访片段故事情节中的空隙片段，令Mitch开始画画的位置正好在第二个音乐的起伏之后。

根据你在之前练习中对片段内容和节奏的剪辑，你可能需要令B-roll遮挡住采访片段故事情节中的第二个空隙片段。你可以继续调整片段DN_9465和DN_9470，同时，应该考虑一下在音乐播放的同时，镜头播放的效果。此外，由于项目的前两个片段要增加一些马达的音效，所以，我们可以为剪辑工作创建几个注释。

参考 5.4
使用标记

通常，我们都会在工作桌面上贴一张便签纸，记录剪辑工作中需要注意和考虑的一些事项。在Final Cut Pro中，可以依靠标记的功能实现同样的效果，而且这些信息还是可以搜索的。此外，由于片段的注释和标记都保留在资料库中，所以你的工作伙伴也可以直接查询到这些信息。

Final Cut Pro具有以下4种类型的标记：

- 标准：默认的最简单的标记类型。
- 待办事项：复选框的标记。
- 已完成：待办事项的标记在被选中后就演变为已完成的标记。
- 章节：在某些共享格式中，会在这个标记位置创建缩略图。

每个标记的名称都是可以自定义的，而且也是可以搜索的。在浏览器窗格中，可以通过搜索栏找到具有某些字符的标记。在时间线中，通过时间线索引窗格来找到片段中的标记。

使用时间线索引

在时间线索引窗格中具有3种信息的索引：片段、标记和角色。在片段中，是按照时间顺序对时间线中用到的所有片段进行显示的，包括片段、标题、发生器和转场。它也会高亮显示被选择的片段项目。单击索引窗格中的某个对象，就会选择这个对象，同时时间线上的播放头跳转到该对象上。片段的索引是支持搜索的，也支持多个选择范围。

在"标记"索引中罗列了一个项目中所有的标记、关键词、分析关键词、待办事项标记、已完成标记和章节标记。通过次级标签可以进一步筛选显示不同内容的标记。

在"角色"索引中可以快速地启用或者禁用某个角色。

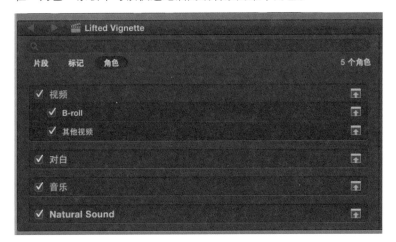

在这几个索引窗格中,你不仅可以通过片段名称,也可以通过之前在浏览器中定义的元数据来查找到任何一个在项目中正在使用的片段。

练习
创建标记

在了解了处理标记的几个界面后,让我们添加几个标记,体会一下这个功能为剪辑带来的便利。在本次练习中,你将会在项目中创建标准的标记和待办事项的标记。

1 将扫视播放头放在第一个片段上,具体画面是当机库门刚刚打开后,直升机的特写镜头。

在按下【M】键创建一个标记之前，你需要首先了解标记会被放在位于扫视播放头下方的哪个片段上。

2 在片段上方的空白处单击，将播放头与扫视播放头对齐。

在播放头竖线上的小圆球指示出了会接收到下一个编辑命令的片段。目前，小圆球位于机库片段的上面，也就是说，这个片段将会被编辑上标记，而不是它下面的空隙片段。

3 按两下【M】键创建一个标准的标记，并同时打开编辑标记的窗口。

这个标记已经被预先命名为"标记3"了，因为这是你在当前项目中第3次创建的标记。

4 将标记的类型调整为"待办事项"。标记的颜色变为红色，窗口中也出现了一个已完成的复选框。

5 将标记改名字为Add SFX。单击"完成"按钮。

6 单击时间线左下角的按钮，打开时间线索引窗格。

在时间线索引窗格中，选择"标记"选项卡，在这里应该能看到位于最上面的刚刚创建的标记。

下面，让我们检查一下影片中音乐的情况。首先要做的就是单独播放音乐片段。

7 在项目中选择音乐片段。按【Option-S】组合键，单独播放这个片段。

在时间线中，所有没被选择的片段都变成了淡灰色。当你播放片段的时候，仍然可以在检视器中看到画面，但是音频部分，就仅仅播放音乐片段了。

8 开始播放。

在这个单独播放的音乐片段中，我们需要找到一些具有视觉特征的地方，即画面可以随着音乐的变化而变化。这通常包括音乐中音量变强的地方，或者改变节奏的地方。在我们观看画面、监听音乐的同时，把片段中的视频缩略图隐藏起来，并加大音频波形的显示。

9 在时间线"片段外观"界面中，单击第一个按钮。然后单击一下时间线，关闭"片段外观"界面。

现在，检查我们听到的内容。

10 监听一下在28秒附近的音乐。

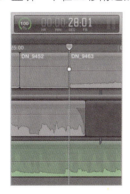

在这个位置的前面，钢琴主导了音乐的旋律。从第28秒开始，弦乐开始了。直升机正是伴随着这个主旋律出场的。

11 在这里，我们创建一个标准标记，名称为takeoff。

请注意播放头竖线的圆球落在哪个片段上。你需要先选择音乐片段，令其可以接收标记，而不是它上方的起飞前的故事情节。

12 继续监听音乐，并创建以下标记：

位于音乐片段上的标记

时间码	标记名称	标记类型
~1:17	Swell	标准
~1:31	Sunset	标准

13 单击"单独播放"按钮，恢复可以播放所有音频片段的状态。

14 此时，在"片段外观"界面单击第3个按钮。

15 继续创建如下标记：

在视频片段上的标记

时间码	所属片段	标记名称	标记类型
~0:15	MVI_1055	Add a Title	待办事项
~0:27	DN_9452	Speed and SFX	待办事项

在进行调整之前可以先看看"标记"索引中的几种显示，你会发现其中列出了已经建立的几种标记。

参考 5.5
使用位置工具

位置工具可以忽略时间线上磁性时间线的特征，就像移动一个连接片段一样，在水平方向上移动片段的位置。而同时，它也会破坏一些当前的状态。在故事情节中的片段，如果使用位置工具进行拖动，那么会覆盖掉其他片段与之有重叠的部分，并留下一个新的空隙片段。注意，位置工具总是会进行覆盖。

当影片内容有固定的时间长度和位置要求的时候，位置工具就很有用处，比如一段广告片。当你在一个故事情节中进行剪辑，但不希望出现波纹变化的时候，也可以使用这个工具。

位置工具使被移动的片段覆盖了之前相邻片段的一部分内容，并留下了一个空隙片段。

练习
将对白和B-roll片段与音乐对齐

在继续进行剪辑之前，让我们讨论一下选择工具和位置工具的区别。选择工具是磁性的，但位置工具不是。使用选择工具拖动的时候会利用磁性时间线的特性，故事情节中的各个片段仍然保持肩并肩的位置关系。使用位置工具拖动片段则会对其他有位置重叠的片段产生覆盖，并留出新的空隙片段。

1 在时间线上，向左拖动采访片段MVI_1055的中间部位（不要拖动边缘）。

采访片段与它前面的空隙片段交换了一下位置，这个就属于磁性时间线的特征。

2 按【Command-Z】组合键，撤销上一步的操作。
下面用位置工具重复进行上面的拖动操作。

3 从"工具"弹出菜单中选择位置工具，或者按【P】键。

4 还是在时间线上，向左拖动采访片段MVI_1055的中间部位。

在采访片段之前的空隙片段变短了。

5 如果你还没有发现这些操作之间的不同，以及使用选择工具的情况，那么按【Command-Z】组合键，撤销上一步操作。之后，再次执行同样的操作，仔细观察片段MVI_1055的情况。

当你使用位置工具拖动一个片段的时候，会出现一个新的空隙片段，或者相邻的空隙片段会变长或变短。下面，让我们使用位置工具调整采访片段与音乐片段之间的相对位置关系。我们的目标是使采访片段在之前音乐片段上的标记的前面就结束。

6 使用位置工具，移动片段MVI_1055，使其结尾正好在标记的左边。

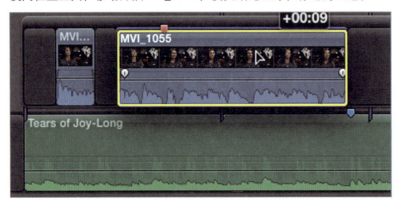

NOTE ▶ 拖动的方向是向左还是向右，取决于你之前的剪辑结果。

7 选择选择工具，或者按【A】键。

下面将要使用选择工具，在takeoff标记后面，为起飞和新的航拍片段腾出一些空间来。为了配合音乐，采访开始要在合唱的第八小节之后（大约在时间线的第44秒左右）出现。

8 将播放头放在音乐低沉的位置，大概是在第44秒左右，此时Mitch正好在说"Inspired by, making sure"。

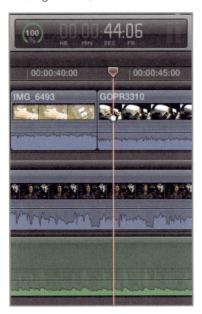

这是在合唱的第八个小节附近，正好在下一个采访片段开始之前。

9 使用选择工具，对MVI_1043之前的空隙片段进行波纹修剪，将采访片段推迟到播放头的位置上。

你不用担心B-roll的问题,因为与第一轮的剪辑类似,当前的任务是将新的采访片段的音频与音乐片段对应起来。等到完成之后,如果需要,再处理B-roll即可。

切断和添加新的采访片段

当项目中空出足够多的时间后,你可以将Mitch的采访片段切断为多个分段,添加一些新的空隙片段,以便降低他说话的节奏。接着,还要加入几个新的采访片段。首先,让我们利用角色的功能将注意力集中在采访片段上。

1 在"角色"索引中,取消选择"视频"、"音乐"和"Natural Sound"复选框。

这样,项目中的视频、音乐和自然声音的片段都被禁用,在处理采访片段的时候,就完全不会受到其他片段的打扰了。

NOTE ▶ 如果你仍然发现一些不想听到的音频片段并没有被静音,那么选择它们,在信息检查器中检查它们被分配的角色。如果需要,为它们重新分配角色。

2 在第二个MVI_1043中,将播放头放在Mitch说"Imagery of what you're shooting"之后。

在播放头竖线上的小圆球的位置决定了将会接受下一个剪辑命令的片段是哪一个。由于你希望切割采访片段,所以必须提前选择片段。

3 选择位于播放头下的采访片段。按【Command-B】组合键将采访片段从播放头的位置下切开。

NOTE ▶ 如果扫视播放头是激活的，那么切开片段的位置有可能会与你期望的有所不同。如果发生这样的情况，那么按【Command-Z】组合键撤销上一步操作，按【S】键禁用扫视播放头，重复上面的剪辑操作。

为了在影片序列中创建一个暂停的效果，接下来使用位置工具进行操作。

4 选择被切成两段的后一个片段，以及第3个MVI_1043。

5 按【P】键选择位置工具，然后向右拖动这两个片段，移动12帧。

现有的MVI_1046是跟随在音乐渐强、阳光照入直升机之后的一个采访片段。让我们移动一下它的位置，为新的采访片段腾出足够的空间。

6 使用选择工具，对MVI_1046之前的空隙片段进行波纹修剪，将MVI_1046推到音乐的最后一个部分上。波纹修剪的距离大概是15～20秒。

这样，你就创建出来一个很长的空隙片段。它的位置将会用于放入两个新的采访片段。第一个片段将在MVI_1043之后的3秒，大概在时间线上1:10的位置。

7 将播放头放在MVI_1043后面3秒的地方。

之前，你已经将需要用到的采访片段标识为"个人收藏"了。现在，让我们在浏览器中找到这个片段。

8 选择关键词精选Interview，在搜索栏中输入new。

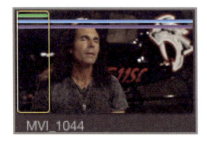

MVI_1044将会出现在浏览器中。请注意，在片段中的个人收藏的选择范围。

9 在浏览器中，单击片段上的绿色横线。按【/】键，预览这段影片。

10 在Mitch说"virtually"之前设定开始点，在说"for me"之后设定结束点。

下面，你将要执行一个覆盖编辑，将这个片段放置到采访片段故事情节的播放头的位置。

11 继续选择故事情节上面的横栏，然后按【D】键。

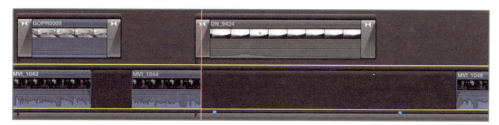

该采访片段位于连接的故事情节中，对项目中的其他片段没有任何影响。

还有一个采访片段需要添加到项目中。它需要放置在刚刚加入的采访片段的后面大概3秒的位置上。

12 目前，播放头位于片段MVI_1044的末尾，按【Control-P】组合键。

此时，就可以在Dashboard中输入数值了，该数值决定了播放头移动的方向和距离。你需要令播放头向右移动3秒，那么就可以输入+号表示要求向右移动。

13 按【+】键，然后输入3.（句点），接着按【Enter】键。

好，现在播放头移动了3秒的距离。

14 在关键词精选Interview中，将搜索文本修改为capture。

片段MVI_1044出现在了浏览器中（该片段之前的注释中输入了capture）。

15 在浏览器的片段中，单击绿色的横线，然后按【/】键观看其内容。

16 选择采访片段故事情节，按【D】键，将该片段覆盖编辑到故事情节中。

17 在"角色"索引中，重新启用"视频"、"音乐"和"Natural Sound（自然声音）"的角色。播放项目，监看最近的剪辑效果。

接着，让我们把这两个采访片段与音乐渐强的部分拉得更近一些。

18 使用任何你喜欢的方法，移动片段MVI_1045，使它的结尾正好位于Sunset标记之前一点的位置。

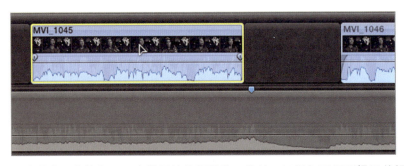

在本节中，你执行了几个常用的编辑操作。此外，还添加了用于提示剪辑工作的标记，简单使用了时间线索引和角色的功能。在练习中，你将采访片段从主要故事情节中移出来，取而代之以新的音乐片段。通过连接片段、故事情节和磁性时间线，你可以自由自在地在Final Cut Pro的时间线上排布片段。

参考 5.6
使用试演

如果你剪辑的项目中有演员表演的镜头，那么演员很可能会针对同一个场面进行多次表演，并被拍摄为多个视频片段。当我们进行剪辑的时候，多数剪辑师都会先剪辑好第一次表演的镜头，然后再将第二次表演的镜头替换掉第一次的，以便检查哪个效果更好一些。每天，剪辑师都会进行这样的重复操作，以评估每一个可选镜头。

在Final Cut Pro中，试演可以将多个镜头打包起来，以同一个片段的形式放置在项目中。只需要在不同的镜头之间切换，就可以考察不同画面的效果了，而不需要反复执行多次重复的操作。

在试演窗口中会罗列出该试演所包含的镜头，单击其中某个缩略图，或者使用键盘快捷键即可执行一次替换编辑。利用预览模式的优势，你也可以一边循环播放一边挑选镜头。

练习 5.6.1
重新放置故事情节，删除其内容

在创建并开始使用试演进行剪辑之前，你需要在时间线上进行一些操作，为整理试演片段做好准备。Final Cut Pro的操作很简易，你只需要记住适当地放大时间线的显示，以便看到细节上的变化即可。我们首先从项目的开始进行，看看航拍的镜头有哪些新的选择。

NOTE ▶ 在编辑过程中，你可以随时使用【N】键启用或者禁用吸附的功能，使用【Command-=（等号）】组合键或者拖动缩放滑块，都可以放大时间线的显示，以便观察到更多细节。

1 在主要故事情节中,将第一个空隙片段剪短2秒。

后面的音乐、采访片段、起飞前和后续的B-roll故事情节都会进行移动,但是它们仍然会保持同步。

起飞的故事情节中的第一个片段是DN_9463,该片段应该正好对齐在之前设定的takeoff标记的位置上。

2 拖动起飞的故事情节的横栏,将故事情节的开头对齐在时间线上大约26秒的位置。takeoff标记就应该在这个位置。

此时,第二个B-roll的故事情节,也就是起飞前的故事情节叠加在了起飞故事情节上。

如果在之前的操作中,起飞故事情节已经对齐在标记上,那么就可以直接跳到第4步。

3 将起飞前的故事情节向左边拖动,直到它降落下来,不再与起飞故事情节有叠加的问题。启用吸附功能,确保这两个故事情节是紧挨在一起的。

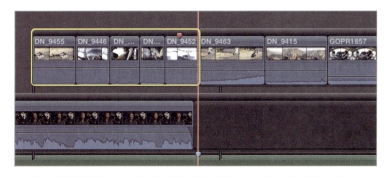

在起飞故事情节之后,让我们迅速地修剪一个航拍的镜头,移动几个B-roll片段的位置。

在这轮剪辑中,将要删除片段DN_9415。你可以使用空隙片段来替换这个片段,这样可以将空隙片段留给下次编辑所用。

4 选择片段DN_9415,按【Shift-Delete】组合键。

这样,一个空隙片段就替换了片段DN_9415。在后面的编辑中,你将会使用这个空隙片段作为剪辑的参考。

练习 5.6.2
导入航拍镜头

针对项目Lifted Vignette,你将创建单独的一个试演片段,用于剪辑所有新的航拍镜头。你会在这个试演片段中循环检测,找到最喜欢的一个镜头。

在练习之前,你需要导入航拍的视频源媒体文件,进行适当的整理。这些步骤执行起来非常轻松,大概不会超过5分钟的时间。

> **NOTE** ▶ 参考第2课,可以复习有关导入片段的技术。

1 打开"媒体导入"窗口。

2 找到文件夹FCPX MEDIA > LV2 > LV Aerials。

3 选择文件夹LV Aerials,单击"导入所选项"按钮。

4 在导入选项对话框中进行如下设置:
- ▶ 将"添加到现有事件"设为Primary Media。
- ▶ 选择"让文件保留在原位"单选按钮。
- ▶ 选择"将文件夹导入为关键词精选" 选项。
- ▶ 取消选择所有的分析选项。

5 单击"导入"按钮。

好,现在航拍片段都放置在了事件Primary Media中的关键词精选LV Aerials中。

练习 5.6.3
使用试演片段

试演可以非常方便地测试多个镜头放在同一个时间线位置上所带来的不同效果。在这个练习中，你将通过这个功能为项目添加一些新的片段。好，让我们先在浏览器中创建一个试演片段。

1. 在浏览器中选择所有6个航拍的片段。
2. 按住【Control】键单击任何一个被选择的片段，然后在弹出的快捷菜单中选择"创建试演"命令。

在浏览器中出现了一个新的试演片段。该片段缩略图的左上角会有一个聚光灯的图标，表示它是一个试演片段。它包含了多个不同内容的片段，但是在浏览器中被视为单独的一个片段。

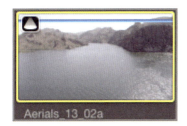

熟悉试演窗口的界面

好，下面让我们将试演片段剪辑到B-roll故事情节中。

1. 在浏览器中单击试演片段上的聚光灯图标，打开试演窗口。

试演窗口中出现的片段是当前被选择的片段。

2. 按左右箭头键可以循环观看试演片段中各个不同的片段。

NOTE ▶ 你也可以直接单击另外一个片段的缩略图，改变当前的选择。

请注意，被选择片段的名称与时间长度会显示在这个窗口中。试演片段最适合的剪辑方式就是替换。

3 在试演窗口中，将Aerials_11_02a作为当前选择，单击"完成"按钮。

试演窗口会关闭，并在试演片段中启用最新选择的片段内容。这段峡谷的镜头有39秒长，因此，我们先将它剪短为6秒。

4 在浏览器中选择这个试演片段，从54:00时间码的位置开始创建一个大概6秒长的片段。

NOTE ▶ 在扫视片段的时候，Dashboard上会显示片段的时间码。

5 从浏览器中将试演片段插入到DN_9463的后面。请注意，你必须先选择故事情节上的横栏，之后单击"插入"按钮，或者按【W】键。

试演片段会进行一次替换编辑，其时间长度则是当前试演片段中被选择的片段。因为所标记的是试演片段中一个片段的一部分，这部分作为首选的时候，在B-roll故事情节中，后面的片段将会向后延展。

6 在时间线上单击试演片段名称左边的聚光灯图标，打开试演窗口。

如果此时选择不同的片段，那么故事情节也会因为不同片段的不同时间长度而产生波纹移动。

7 循环试演片段，回到Aerials_11_02a。

在时间线上进行这样的操作是有一定危险的，尤其是你已经花费了很多时间排布其他片段，令它们的相对位置关系已经比较完美。在很多情况下，你需要继续修剪使用了新片段的试演片段的时间长度，以便保持故事情节中其他片段维持在一个合理的位置上。

▶ 避免由于试演引发的波纹

实际上，你可以避免一个试演片段引发的波纹移动所带来的同步问题。在故事情节中，可以先将试演片段举出，令其成为一个连接片段，并在故事情节中留下一个空隙片段。这样，试演片段的任何改变就都是独立进行的，不会影响其他对象了。当你决定了新的片段内容后，可以将其修剪为空隙片段的时间长度，将其再放回到故事情节中，或者干脆让它继续当作一个连接片段。

▶ 重新确定一个连接点

连接片段或者是一个连接的故事情节会默认连接到对应片段/故事情节的开始点上。你可以移动这个连接点的位置，方法是按住【Command-Option】组合键单击连接片段的底部（如果该连接片段在主要故事情节的下方，那么就单击片段的顶部）。

如果是连接的故事情节，那么单击的位置则是该故事情节上的横栏。

参考 5.7
修剪开头和结尾

无论你是在处理连接片段，还是故事情节中的一个片段，都可以利用修剪开头和结尾的3种方法对片段进行快速修剪。

前两种方法是修剪开头和修剪结尾。如果在片段的前部有一些你不需要的内容，那么可以将播放头放置在你希望保留的内容的第一个帧画面上，然后使用"修剪开头"命令。反之，如果将播放头放置在你希望保留的内容的最后一个帧画面上，那么就可以使用"修剪结尾"命令。

修剪开头

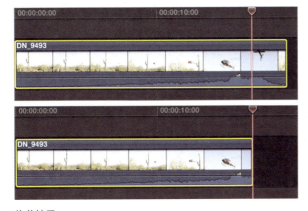

修剪结尾

使用"修剪所选部分"命令仅会保留片段中选择范围内的内容。你可以使用范围选择工具，或者通过扫视的方法确定开始点和结束点，选择希望保留的一个范围，然后使用"修剪所选部分"命令删除被选范围之外的片段内容。

修剪所选部分

在播放影片的同时也可以使用"修剪开头"、"修剪结尾"或者"修剪所选部分"这3个命令。这可以令你实现一种实时的剪辑。

练习
修剪航拍镜头

在这个练习中，你将继续处理添加到试演片段中的航拍片段。你将通过"修剪开头"、"修剪结尾"或者"修剪所选部分"这3个命令来修剪这些片段。

1 在浏览器中选择试演片段，将其拖放到第一次试演编辑后的空隙片段上，执行一次替换编辑。

2 选择第二个试演片段，然后按【Y】键，打开试演窗口。
3 按左右箭头键，选择Aerials_13_02a，单击"完成"按钮。

接着，你将把Aerials_13_02a的结尾修剪到与采访片段的开头部分对齐。

4 将播放头放在采访片段的开头。

5. 选择Aerials_13_02a，然后按【Option-]】组合键。

该片段的末尾被修剪到了播放头的位置，后续片段随之发生了波纹移动。在这里，我们还会添加一个直升机低空飞行掠过摄像机镜头的片段，之后，让Mitch的谈话再继续播放。

6. 在浏览器中找到片段DN_9493，在画面中仅仅剩下直升机机尾的时候，设定一个结束点。

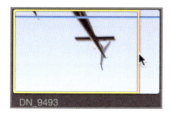

7. 将播放头向回移动3秒的距离，设定一个开始点。

8. 在Aerials_13_02a和GOPR1857之间插入这个短小的DN_9493。

在采访片段开始播放之前，直升机应该是buzz这个摄像机。你可以快速地修剪这个两段航拍镜头，将DN_9493中音量最大的部分放置在Mitch开始讲话的前面。

9. 选择Aerials_13_02a，将播放头放在该片段的开头。观看画面，或者监听音频，找到一个适合产生变化的位置。

在画面上，当干枯的河床接近屏幕最下方的时候，这个位置可以作为一个编辑点。

10 将播放头放在该位置上，验证该片段已经被选择，按【Option-]】组合键。

11 继续修剪Aerials_13_02a的结尾，一次一秒或者两秒，仔细监听并观察该编辑点是否合适。

片段DN_9493中音量最大的部分也许正好位于采访片段开始的地方，所以，仅仅修剪几帧可能就会达到需要的效果了。

12 如果需要，继续修剪Aerials_11_02a和Aerials_13_02a，或者重新放置DN_9493的位置，令音量很大的嗡嗡声位于采访片段的前面。

13 将DN_9493的音量降低-15 dB。

这还不是最终的音量标准，在这里仅仅是暂时的调整。我们将在第7课中再进行精细的混音。此外，该片段的结尾也略显唐突，与采访片段不协调。在第6课中，你将会添加一个转场，令音频可以比较自然地从一个片段过渡到另外一个片段上。

继续添加B-roll

在第二轮中还有一些剪辑工作要完成。之前，你已经了解了一些理论和工具，现在，通过具体的操作来进行一下实践吧！

1 将播放头放在GOPR1857和IMG_6493之间，选择故事情节上的横栏。

2 在浏览器中找到B-roll片段IMG_6486。从片段的开始部分，标记出一个2:10的时间长度。

3 按【W】键，将这个片段插入到起飞的故事情节中，然后将该片段的音量降低一些。

4 如果需要，对片段IMG_6493进行波纹修剪，令该片段在Mitch的手臂离开画面的地方停止（在摄像机开始摇移之前）。

在第6课中，你将为片段GOPR3310和一个航拍片段创建一种分屏的画面效果。作为准备，让我们先修剪一下GOPR3310。

5 波纹修剪GOPR3310，令其时间长度为8:10。

到此为止，仍然有一些片段需要添加到项目中。与房间的重新装修类似，要想加上新的，就要先移除一些旧的物件。

移除一个转场和移动多个片段

在第一轮剪辑中，你已经添加了一些转场，使不同镜头之间的转换变得平滑了许多。但此时，其中必须先删除一个转场。

1 使用选择工具选择片段DN_9503和DN_9420之间的转场。

2 按【Delete】键。

NOTE ▶ 请按键盘上的大号删除键。

片段GOPR0009和DN_9424都需要被移动到时间线上最后一段的采访片段上。

3　使用故事情节上的横栏，将GOPR0009和直升机降落的片段移动到MVI_1046的上面。继续拖动，使开始的转场对准在音乐高潮之后的短暂寂静中。

4　将飞入日落的片段DN_9424放在片段MVI_1046的上面。将音频波形的波峰对齐在采访片段之后的位置上。

DN_9420是阳光穿过窗口的片段，你可以将其与音乐的高潮部分对齐。

此时，你不仅需要注意音乐片段中最高的波峰的位置，还要注意到片段MVI_1045已经很接近这个位置了。

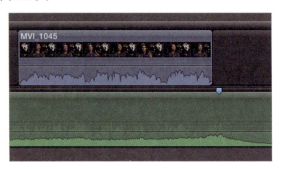

5　在起飞的故事情节中，将片段DN_9420拖到音乐片段最高峰的位置上。请仅仅拖动片段DN_9420，而不要拖动它所在故事情节的横栏。借助之前创建的标记来将画面与音乐对齐。

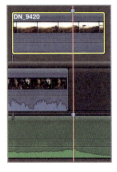

对齐音乐节奏

在本轮剪辑中仅仅剩下有限的一些工作了。你已经了解了各种讲述故事的工具与工作流程，可以看到，剪辑工作不仅是将各个片段线性地排列在时间线上那么简单，你还要兼顾视频和音频给观众带来的影响。

在之前的剪辑中，你将DN_9493放在了Mitch开始讲话之前。针对DN_9503和MVI_1044也要进行同样的处理。但是，要使添加的转场能够正常显示，片段必须具有可叠加的部分，目前这些片段可叠加的部分很少。如果强制添加转场，那么采访开始的声音会降为最低。下面我们来延长DN_9503开头的部分，以及调整空隙片段的时间长度。

NOTE ▶ 你可以随时放大缩小时间线的显示。将扫视播放头放在希望放大的位置上，然后按【Command-=】组合键，则可以看到更多的细节。

1 波纹修剪空隙片段的结束点，使MVI_1044的开始点与转场的开始点对齐。

由于之前一些操作编辑的不同，你可能不得不在一个很短小的空隙片段之后完成片段与转场的对齐。

2 如果你需要将DN_9503变长，以便转场完全位于MVI_1044的上方，那么可以向左拖动DN_9503的开始点，进行一点点波纹修剪。

使用波纹工具向左拖动片段DN_9503的开始点，将会呈现出该片段的更多的媒体内容。

3 调整片段DN_9503下方的空隙片段的时间长度，将MVI_1044的开始点与DN_9503后面的转场的开始点对齐。

在航拍的试演片段中还有3段B-roll片段，它们也是在MVI_1044采访片段的上方的。

4 在浏览器中，将航拍的试演片段连接到MVI_1044上，位置在Mitch第二次说出"new"的时候。

5 在试演片段中，将Aerials_13_01b作为选择的片段。

目前的片段显得比较沉闷。稍后，使用带有湖面的画面将会变得更有趣。此时，仅仅将片段放在这里即可。在第6课中，你将对这个片段进行变速处理。为此，让我们在这里设定一个待办事项的标记。

6 单击故事情节上的灰色横栏，确保不要选择上任何片段。

7 扫视Aerials_13_01b的前半部分，在飞过沙漠上空的位置，按两下【M】键。

这样就创建了一个标准的标记，并打开了标记窗口。

8 将标记命名为speed to reveal，将标记类型调整为"待办事项"，然后单击"完成"按钮。

好，这样待办事项的标记就创建好了。下面，让我们回去再将有沙漠镜头的试演片段的长度调整一下。

9 在时间线上，在MVI_1045开始点的位置上，将沙漠镜头的试演片段切割为两段，但是不要删除后面的片段。

你可以使用后面的片段来改变试演片段中被选定的片段。

10 将第二个试演片段的选定片段切换为Aerials_11_01a。

这个片段比较长，让我们找到实际需要的范围。

11 如果需要，在显示菜单中选择"浏览"选项。

在激活扫视功能的前提下，你还可以单独播放一个片段的音频和视频。扫视播放头会出现在扫视片段的过程当中，该过程中只会显示或者播放扫视过的片段的音频和视频。

12 使用修剪工具，参考Dashboard上的时间码，扫视片段Aerials_11_01a在37:00附近的内容。这个时间码是源媒体的时间码。按【I】键设定一个开始点。

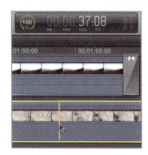

13 继续向右边扫视，直到Dashboard上时间码显示为42:00。在这里按下【O】键，设定一个结束点。

接下来,选择"修剪到所选部分"命令,将选择范围之外的片段内容删除。

14 按【Option-\】组合键。

由于该片段仅仅是一个连接片段,所以不会像在故事情节中进行修剪那样会引起波纹移动。

15 使用选择工具将该片段与片段Aerials_13_01b的末尾靠齐。

此时,我们需要再多一个试演片段,以便呈现航拍的镜头。你可以直接在时间线上复制当前存在的试演片段。

16 按住【Option】键拖动试演片段,先松开鼠标,然后再松开【Option】键。

这个方法可以在时间线上复制一个片段,并将其放置在时间线上。

17 将新复制出来的试演片段放在之前那个试演片段的后面。

18 将第3个试演片段选定为Aerials_11_03a。

19 使用修剪工具扫视这个试演片段,在1:42:00处设定开始点,在1:46:00处设定结束点。按

【Option-\】组合键将片段修剪到所选范围内。

20 将修剪好的片段对齐在Aerials_11_01a的后面。

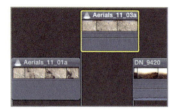

21 将Aerials_11_01a的结尾修剪得短一些，令其与DN_9420靠齐。

之后，需要为这些片段添加转场效果，因此，可以在这里预先将它们放置在一个故事情节中。

22 选择Aerials_13_01b～DN_9420的这4个片段，创建一个新的故事情节。

最后，再稍微处理一下项目中的采访片段。

23 波纹修剪MVI_1046之前的空隙片段，令采访片段向右边退到GOPR0009完全结束了转场效果后的位置。最后播放整个项目。

在观看项目的时候，你可以发现仍然有一些小细节需要完善。比如你应该添加一些音频效果、进行变速、添加几个新的转场、进行音频混音，并且创建分屏画面的效果。在后面的课程中，你将会逐步完成这些工作。

回顾一下第二轮剪辑中的操作，你体验了一种新的工作流程。先令采访片段脱离主要故事情节，代之以一段更长的音乐片段。为B-roll片段创建了新的故事情节，也为航拍片段创建了试演。通过试演片段，你可以在时间线上尝试各个不同的镜头，而不用反复回到浏览器中寻找相应的片段，并进行重复的替换操作。对于整个项目，你进行了比较大的改动，但在Final Cut Pro的实际操作中，一切都是非常快速而简易的。

目前的时间线

课程回顾

1. 描述以下命令的功能：将项目复制为快照和复制项目。
2. 在替换片段的命令中，哪个命令会使用浏览器中片段的时间长度？"替换"、"从开头替换"，还是"从结尾替换"？
3. 描述下图中4个按钮的功能。

4. 使用哪个功能的时候会看到Dashboard会如下图所示？

5. 在哪里可以找到项目中使用过的所有标记的列表？
6. 在下面的图示中用到了什么功能？

   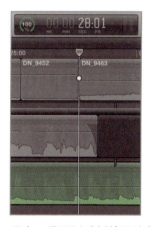

7. 哪个工具可以重新放置片段的位置，并可以覆盖其他相邻的片段？
8. 如何为片段分配角色？
9. 什么类型的片段可以放入试演片段中？
10. 试演片段具有什么样的特殊图标？
11. 在下面的图示中用到了哪个命令？

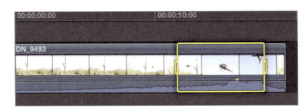

答案

1. 利用"复制项目"命令会创建一个动态的版本,被其他项目用到的复合片段和多机位片段都会动态更新。利用"将项目复制为快照"命令则会根据当前项目的状态复制出一个不会动态更新的版本。
2. "替换"命令。
3. 扫视:启用和禁用视频扫视功能。音频扫视:启用和禁用音频扫视功能。吸附:在拖动的时候,磁性地吸附到相邻的扫视播放头、播放头、片段的编辑点、关键帧或者标记上。
4. 播放头将会向左边移动3秒。用【Control-P】组合键可以启用这个操作。
5. 在时间线索引窗格中的"标记"选项卡中。
6. "单独播放"命令(快捷键【Option-S】)。
7. 位置工具。
8. 在信息检查器或者"修改"菜单中都可以分配角色。
9. 通常带有表演镜头的片段,或者画外音配音的片段会制作为试演片段。但实际上试演片段可以包含几乎任何类型的片段。
10. 试演片段的左上角有一个聚光灯小图标,单击这个图标可以打开试演窗口。
11. "修剪到所选部分"命令(快捷键【Option-\】)。

第6课
精剪

在上一课中，我们对项目进行了第二轮剪辑。现在，我们可以开始一些精细的剪辑工作了。实际上，并非所有的项目都需要本课中讲述的技术，但是某些项目又会利用到本课全部功能。第三轮剪辑工作的目标不是为了匆忙地完成既定的任务，而是为了充分发挥你的创意能力，不仅仅是进行修饰工作，还包括修复一些拍摄或者后期出现的错误和问题。

在第二轮剪辑中，项目Lifted Vignette已经获得了一个很好的剪辑版本。在本课中，你将插入变速特效，为一个或多个图像应用视觉效果，添加更多的转场以统一镜头的风格。你还将学习到如何合成两个片段，然后将它们组合在一个复合片段中。

学习目标
- ▶ 多种片段播放的速度
- ▶ 通过效果改变片段的外观
- ▶ 充分利用转场
- ▶ 调整变换与合成控制
- ▶ 创建复合片段

参考 6.1
片段的重新定时

变速效果可以满足一个项目制作中多种多样的诉求。比如在一个培训影片中，你可以快速演示一段很费时间的操作过程。加速播放的片段仍然可以表达出整个过程，但是却避免了令观众感到无聊的问题。变速效果也可以表达一种情绪和气氛。在一个叙事性的影片中，缓慢地播放可以在视觉上与具有感染力的配音互相配合起来。

添加变速效果要遵循故事情节的实际要求，否则它会影响观众对故事本身的理解。

在之前的练习中，你已经为一个片段应用了反向播放的变速效果，令机库门打开的方向反了过来。其操作方法很简单，直接在"重新定时"下拉菜单中选择"倒转片段"命令即可。重新定时编辑器会按照正常的速度播放该片段，但是方向是反的。

此外，Final Cut Pro还具有很多其他的变速功能。在本课中，我们将仔细挖掘"重新定时"下拉菜单和重新定时编辑器的若干功能。

练习 6.1.1
设定一个恒定的变速

在项目Lifted Vignette中有若干个片段都需要进行一些速度上的变化。你已经为它们添加了待办事项的标记，以提醒你后续阶段应该完成的工作。我们可以在时间线索引中找到这些标记，然后逐一开始调整。首先，让我们创建一个快照，为当前的项目存储一个备份，之后再开始真正的变速。

1 在时间线中保持当前项目处于打开状态，选择"编辑 > 将项目复制为快照"命令，或者按【Command-Shift-D】组合键。

2 在时间线窗格中，单击"时间线索引"按钮，或者按【Command-Shift-2】组合键，打开时间线索引窗格。

只有在时间线索引窗格中的"标记"选项卡中才能找到待办事项的标记。

3 在时间线索引窗格的上部，单击"标记"选项卡。

4 在时间线索引窗格的下方，单击"待办事项"按钮（右数第3个）。

现在，索引窗格中已罗列出之前你创建过的几个待办事项的标记。

5 在时间线索引窗格中选择待办事项标记Speed and SFX。

这时，在片段DN_9452上的标记被选中，而且播放头也跳转到该片段上。

6 播放片段，可以看到该片段是直升机启动的镜头。

如果该片段能够播放得更快一点呢？从片段内容上看，它已经是一个加速运动的画面了，但是我们仍然可以再提高一点速度，令画面的动感更加强烈。

7 选择该片段，然后按【Command-R】组合键显示出重新定时编辑器。

每个片段都会有一个自己的重新定时编辑器，用于观看和控制该片段的变速情况。根据编辑器上的条纹可以判断出，当前片段是正向播放，速度是100%。

手动设置播放速度

通过对片段内容的变速处理，可以为影片带来更多丰富的情感表达方式，也可以提高观众的注意力，或者是一种画面特效。在"重新定时"下拉菜单与某个片段的重新定时编辑器中已经包含了几种预置，可以直接用来创建对应的变速效果。而重新定时编辑器的强大潜力则更在于它的手动调整的能力。

1 在DN_9452顶部的重新定时编辑器的最右边，向左拖动一下右侧的把手，观察横栏上速度数值的变化。

当片段的速度数值变化后，片段的时间长度也跟着改变了。如果向右拖动重新定时的滑块，那么重新定时编辑器就会按照比正常速度更慢的速度进行播放，片段的时间长度也会变长一些。如果向左拖动滑块，那么就会按照比正常速度更快的速度进行播放，片段的时间长度也会变短一些。

请注意，这并不是一种波纹修剪。无论速度是如何改变的，片段的结束点都是不变的。当速度改变后，帧画面的播放方法会产生一定的变化。假设速度是100%，那么就会按照顺序播放第一、二、三、四帧，与片段拍摄时候的顺序一模一样。如果按照200%的速度播放片段，那么就会忽略掉一些帧画面，按照第一、三、五帧这样的顺序进行播放。在忽略掉一些帧画面后，片段的时间长度变短了，但是开始点和结束点对应的帧画面并没有变化。

首先，让我们先把片段的速度还原为100%的正常播放速度。

2 选择片段DN_9452，从"重新定时"下拉菜单中选择"还原速度"命令。

拖动重新定时横栏上的滑块就可以改变播放速度，也会改变片段的时间长度。此外，也可以通过手动输入数值的方法修改速度。

3 在重新定时编辑器中单击"速度"下拉按钮。

"速度"下拉菜单中包含与"重新定时"下拉菜单中一模一样的几个命令，还包括"自定"命令。

4 在"速度"下拉菜单中选择"自定"命令。

这样就打开了"自定速度"界面。

在这里，你可以手动输入播放速度，或者是希望的时间长度（Final Cut Pro会自动计算出应有的播放速度）。对于DN_9452，你希望提高播放的速度，那么直接调整速率的数值即可。

5 在"速率"的百分比数值框中输入200，但是先不要按【Enter】键。

注意"波纹"复选框。如果选择了它，那么在变速后，在同一个故事情节中后续的其他片段就会进行波纹化的移动，以避免产生一个空隙。如果不选择它，那么后续的片段就不会移动，多出来的位置会使用一个空隙片段来填满。在本例中，你不希望出现一个空隙片段，所以，选中"波纹"复选框。

6 确认选中"波纹"复选框，按【Enter】键。

此时，片段的时间长度变成了原来的一半（因为播放速度是原来的两倍）。下面，你需要保持当前的播放速度，但是令该片段一直可以播放到DN_9463开始的时候。

NOTE ▶ 单击"自定速度"界面之外的任何地方即可关闭该界面。

之前，如果拖动重新定时编辑器最右边的滑块，那么就会改变播放速度，也会改变片段的时间长度。但是如果仅仅修剪片段的边缘，那么也会改变时间长度，其原理是呈现更多（或者是减少）源媒体的内容。

7 使用选择工具，将该片段的右侧边缘向右边拖动，直到它吸附到DN_9463的开始点上。播放项目，观看效果。

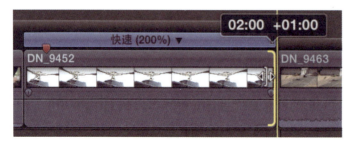

目前，效果还不是很理想。我们希望展现直升机涡轮发动机的强劲动力，因此，让我们把速度改变为500％！

8 在重新定时编辑器中打开"速度"下拉菜单，选择"自定"命令，将速率改变为500％，按【Enter】键。

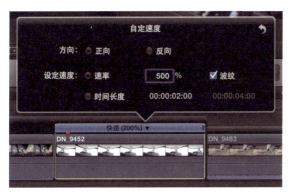

此时片段变得更短了，继续进行波纹修剪，加长片段的时间长度。这会呈现出更多该片段的媒体内容。

9 将DN_9452的结束点向右边拖动，直到它吸附在DN_9463的开始点上。

好，现在在直升机准备起飞的时候，螺旋桨马达飞速地旋转起来了。在当前项目中，你已经使用了两个固定速率的变速效果。在直升机发动机启动的时候，你应该会注意到音频部分不是那么真实，因此，稍后将会插入一个新的音频特效。

练习 6.1.2
使用切割速度

另外一种重新定时的效果就是非均匀变速，也就是在一个片段中至少有两种不同的播放速度。这种效果需要先将片段分为若干个段落，每个段落可以具有自己的播放速度。下面，我们针对Aerials_13_01b尝试一下这个效果。在该片段中，直升机掠过沙漠上空，飞越了一个断崖，返回湖面。

此时，该片段的时间长度是合适的，但是如果能呈现出更多该片段的拍摄内容，那么就更完美了。为了添加非均匀变速的效果，需要预先决定将片段分成哪几个段落。尽管你可以临时地对片段进行一下波纹修剪，以便展开其全部的媒体内容，但这次我们使用另外一种方法。

1 使用时间线索引找到Aerials_13_01b，该片段具有一个提示我们进行变速的待办事项标记。

2 在Lifted Vignette中按住【Control】键单击Aerials_13_01b，然后从弹出的快捷菜单中选择"从故事情节中拷贝"命令。

在第5课中，你使用这个功能将采访片段从主要故事情节中移动了出来。在本次练习中，仍然是将航拍片段放在了原有故事情节的上方，并在故事情节中留下了一段空隙片段。该空隙片段代表了航拍片段的位置和时间长度。现在，你可以直接调整航拍片段的时间长度，而不用担心会影响同一故事情节中的其他片段了。

你可以向右拖动Aerials_13_01b的结束点，以便看到全部内容，或者，也可以通过输入数值手动改变该片段的时间长度。

3 保持选择Aerials_13_01b，按【Control-D】组合键。

该片段当前的时间长度显示在Dashboard中。要知道，该片段的源媒体内容非常长。因此，我们输入一个新的时间长度数值，只要能呈现出带有湖面的镜头即可。

4 不要单击（因为Dashboard已经准备好接收新的数值了），直接输入"45."（数字4、5和句点），然后按【Enter】键。

Aerials_13_01b变成了45秒。扫视该片段，查看画面中具有湖面的位置。接下来，你将使用切割速度功能将片段分成若干个段落。

将片段调整为非均匀变速，使音乐与画面完美地配合起来。第一个片段将会按照正常速度播放，这是片段当前的状态。此时，你通过观看和监听来确定开始速度变化的位置，也就是切分段落的位置。

在接近采访片段MVI_1044末尾的地方，Mitch说"eye opener"。让我们在这里进行速度变化。

5 将播放头放在Mitch说"eye opener"的位置。

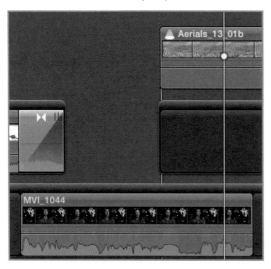

6 选择片段Aerials_13_01b，从"重新定时"下拉菜单中选择"切割速度"命令，或者按【Shift-B】组合键。

这时会打开片段的重新定时编辑器，并显示出已经创建好的两个段落。第二个段落的开始部分呈现了飞越沙漠的镜头，采访片段的音频则会播放出"eye opener"的声音。

从这个段落开始，你需要加速播放，直到直升机到达断崖边，看到湖面为止。在那里，将是第3个段落开始的位置。

7 在第二个段落中，将播放头放在直升机刚刚飞过断崖的位置，按【Shift-B】组合键。

在切割速度之前

在切割速度之后

好，这样我们就定义了在第3个段落开始希望看到的画面。接下来就可以根据音乐的情况调整速度了，这需要先找到改变速度的第3个段落在音乐上的对应位置。最简单的就是设定一个标记，我们会将它命名为Swell。之后，你可以通过时间线索引中的标记，或者参考时间线上的相邻标记，快速地找到音乐变化的位置。

8 将播放头放在项目1:15的位置上。

这个位置代表了第二个段落将要结束的位置。

9 在第二个段落的末尾，将重新定时的滑块向左边拖动，直到它与播放头对齐。

重新播放项目，观看直升机飞越沙漠画面中呈现出湖面的镜头，并核对音乐的情况。

使用速度转场

在观察刚刚做好的效果的时候，你应该会注意到第二个段落中加速和减速的效果。我们希望再加速这一部分，使其有一种更加强烈的变化，以便突出湖面出现时的那种气氛。

NOTE ▶ 如果需要，放大显示第二个变速段落。

速度段落包含速度转场，它用于控制不同段落之间速度的变化。当然，这个转场是可以调整的。

1 将光标放在第二个速度转场左边的边缘上。

2 将其向右拖动，直到移动了接近一半的距离。

在检查剪辑效果的时候，你会发现减速转场仍然是有效的，调整的效果并不明显。

3 请尝试不同的右半部分减速的速度转场的时间长度，以便观察画面与音乐之间的配合情况。并判断一下，从高速飞行突然转变为走路一样的慢速，是否带来了良好的效果。

在审查完这个剪辑后，如果你觉得切割速度的位置还不太合适，那么仍然可以精细地调整与速度转场相关联的媒体内容。

4 在速度段落2和3之间的交界处双击。

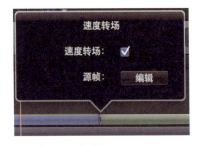

这会打开速度转场的HUD。

NOTE ▶ 如果HUD没有打开，那么按【Command-Z】组合键，直到在界面上看到一个速度转场，然后双击该速度转场。

在速度转场HUD中，你可以启用或者禁用"速度转场"。这里还有一个源帧编辑器，通过它可以在不破坏现有段落的前提下，对速度开始改变的帧画面进行卷动编辑。

5 取消选择"速度转场"复选框，然后单击"源帧"右边的"编辑"按钮。

源帧编辑器的图标是一格胶卷的模样。它可以卷动编辑两个速度段落之间的内容，改变左边段落最后一帧的位置，同时也就改变了右边段落第一帧的位置。

6 左右拖动源帧的图标，在检视器中观察有关断崖的画面，找到你希望发生速度变化的准确位置。

7 双击源帧的图标，关闭编辑器。

现在你需要继续整理一下Aerials_13_01b的结束点，令该片段与空隙片段的时间长度一致，以便将其放回到故事情节中。

8 将播放头对齐在下一个片段Aerials_11_01a的开始点。

9 按【Option-]】组合键。

这样Aerials_13_01b就被修剪短了，可以将它重新放回故事情节中了。通过磁性时间线的特性，下一步的操作会非常容易。

10 将片段Aerials_13_01b向右下拖动，直到界面上出现了表示它未来位置的方块后，松开鼠标。

11 在故事情节中选择并删除空隙片段。

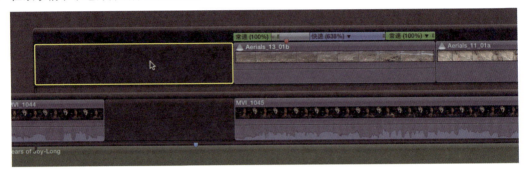

12 选择片段Aerials_13_01b，按【Command-R】组合键，关闭重新定时编辑器。

这样，该片段回到了在故事情节中原本的位置上。稍后，我们还要把湖面的画面与音乐对应起来。

参考 6.2
使用视频效果

在影片中，应该为某些个别的片段添加一些视频效果，或者进行些许的调色。比如一个晕影的效果，可以把画面周围压暗一些，令观众将注意力集中在画面中央。调色则包括提高或者降低画面的对比度，或者制作一种旧影片的感觉。

Final Cut Pro包含超过200个视频和音频效果。此外，你还可以使用很多第三方特效。你也可以自行创建一些特效，并将其共享给其他用户。

所有的视频和音频效果都会显示在效果浏览器中。在效果浏览器的左边栏中是它们的子分类，在下方则有一个搜索栏，支持以文字的方式进行搜索。

练习 6.2.1
体验视频效果

应用效果的操作很简易：首先，在项目中选择一个或者多个片段，接着在效果浏览器中双击一个效果，这样，该效果就添加到了片段中，而且可以继续进行调整了。

在Lifted Vignette中，让我们把一个晕影的效果应用到直升机飞过日落的片段上。

1 扫视并选择最后一个B-roll片段DN_9424。

利用晕影将画面四周压暗后，该片段的画面会显得更加壮阔。

2 在效果浏览器的左边栏中，确认选中了所有视频和音频，然后搜索"晕影"。

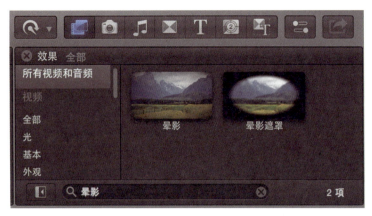

这时，浏览器中会显示出两个效果。你可以在浏览器中扫视每个效果的缩略图，然后观看它们的预览效果。

3 扫视"晕影"和"晕影遮罩"两个效果。

在这里并不需要带遮罩的效果，因此使用正常的晕影效果即可。

4 再次扫视"晕影"效果，然后按空格键开始播放。

你可以直接看到晕影效果应用在DN_9424上的预览画面。下面，我们将该效果应用在片段上，之后进行效果参数的一些调整。

5 确认选择了片段DN_9424，双击"晕影"效果。

NOTE ▶ 另外，也可以将该效果直接拖到时间线的片段上。

当播放头放在该片段上面的时候，可以在检视器中看到添加了效果后的画面。请注意，只有当播放头位于片段上的时候，调整效果参数的同时才能观看到参数变化的结果。

修改一个效果

在应用了一个效果之后，通过视频检查器可以修改效果的参数。请注意，效果、转场和字幕的参数都只有在为时间线上的片段进行了应用之后，才能对其进行修改。

不同的效果也会具有不同的调整参数。某些效果仅仅具有两三个参数，另外一些效果可能会有几十个参数。你可以手动调整参数，比如针对当前的晕影效果调整相关参数，可以设置出自己喜欢的效果。这是一个非常简单的操作过程，因此，让我们随意调整参数数值，来看看画面能产生什么样的变化。

1 单击"检查器"按钮，或者按【Command-4】组合键，打开视频检查器。

2 在视频检查器中，单击"视频"选项卡，晕影就显示在"效果"列表中。

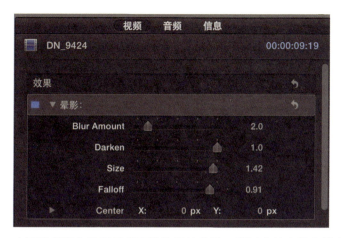

由于我们事先选择了带有该效果的片段，所以在检查器中就会看到该效果的相关参数。

NOTE ▶ 如果晕影没有出现在列表中，那么请确认播放头放在了片段DN_9424的上方，同时没有选择其他任何片段。

3 拖动第4个滑块Falloff，将其数值设定为0.57。

这样，晕影的效果就变得非常强烈，完全遮盖掉了画面四周的内容。在继续调整这种衰减的效果之前，让我们先调整另外两个参数。在一个效果中，某些参数只能在检查器中设定，但也可能有些参数可以同时在检查器和检视器中设定。

4 在检视器中调整椭圆形中的内环。

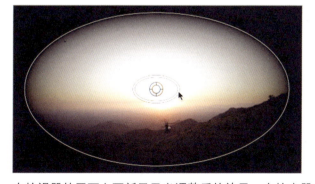

在检视器的画面上更新显示出调整后的效果。在检查器中，Size和Falloff两个参数的数值也对应着拖动操作而发生了变化。

有的时候，你仅仅是想测试几个参数变化的效果，之后则希望将参数还原到最初的数值上。在检视器中，每个效果的最右边都有一个"还原"按钮。

在"晕影"效果的右上角有两个带有弯钩形状的"还原"按钮。单击下面的按钮是还原当前被选择的效果——晕影——的参数。如果单击上面的"还原"按钮,则会还原所有应用到了当前片段上的效果的参数。

5 在视频检查器中,单击当前效果的"还原"按钮(下面的一个弯钩)。

"晕影"效果的参数都恢复到了默认的状态下。好,你已经体会到了操作的简易性,那么接下来,就让我们多做几次尝试。

效果的堆叠

在一个片段上可以应用多个效果,当然,最好不要在同一个片段上应用多达20～30个效果。某些效果的功能是修复性的,主要用于解决画面中的问题;而另外一些效果的功能则是装饰性的,主要是为画面增加一种特殊的风格。

在检查器中,可以通过调整应用到某个片段上的多个效果上下堆叠的顺序来获得不同的最终效果。在添加效果的时候,通常该效果会放在视频检查器的"效果"分类中的最下面。效果的堆叠顺序会影响到最终图像的效果。

1 保持对片段DN_9424的选择,确认界面上显示着视频检查器。

2 在效果浏览器中清除之前的搜索文本,找到并双击效果"旧纸张"。

好,"旧纸张"效果为日落的画面带来了丰富的纹理效果。

请注意在检查器中效果的上下顺序。"晕影"是第一个应用到片段上的,之后是"旧纸张"。这两个效果一先一后地改变了画面。让我们调整一下它们的顺序,看看会发生什么变化。

3 在"晕影"效果中,将Blur Amount滑块拖到最左边,然后再拖到最右边。

请注意纸张纹理并没有变得模糊,这说明首先是晕影改变了画面,得到的结果又通过"旧纸张"效果进行了处理。

4 将"晕影"效果的Falloff参数设定为0.57。

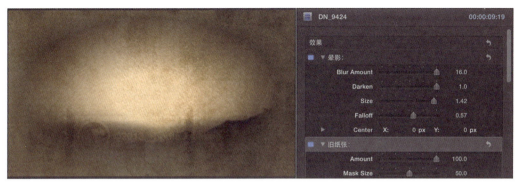

这时，"旧纸张"效果有了一点点变化，但是这仅仅是因为"晕影"和"旧纸张"同时应用在片段上的缘故。对晕影中的模糊和衰减的调整实际上仅影响了"晕影"本身。"旧纸张"是在软件完成了"晕影"效果的运算之后才加入的。接下来，将它们的顺序颠倒过来，看看画面的变化。

5 在检查器中，将"旧纸张"效果拖到"晕影"效果的上面。"晕影"效果会自动向下移动，以便为"旧纸张"腾出空间。

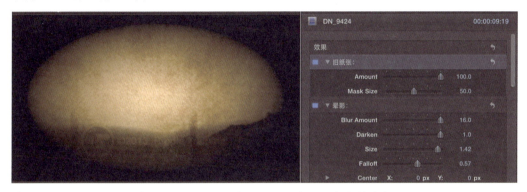

请注意，当"旧纸张"位于"晕影"的上方后，画面产生了很大的变化。

6 在检查器中，左右拖动"晕影"效果的Blur Amount和Falloff滑块。

现在，这两个参数对画面的最终结果产生了巨大的影响。

这两个效果是从最上面的效果开始进行计算的，然后逐个向下继续进行运算。位于最下方的效果有可能会使之前运算后得到的画面产生巨大的改变。

删除效果

在检查器中可以禁用某个效果，或者干脆删除该效果。如果你觉得稍后还可能会使用该效果，那么就禁用。如果觉得完全不需要这个效果，那么就可以删除它。在当前项目中，可以将"旧纸张"效果直接删除。

1 在视频检查器中选择"旧纸张"效果。

2 按【Delete】键。

NOTE ▶ 确保按下的是【Delete】键，否则可能会删掉整个片段。

此时，效果从当前片段中移除了。如果你希望禁用某个效果，你可以取消选择效果名称左边的复选框。

3 单击"晕影"效果右边的"还原"按钮，将其参数恢复到默认状态。

好，就这样保持"晕影"效果的默认参数数值即可。

练习 6.2.2
创建景深效果

在片段GOPR0009的前景画面中有一些干扰观众注意力的东西，解决这个问题最简单的办法就是使用变换功能将画面放大，把干扰元素直接裁剪掉。在这个练习中，我们尝试另外一种方法，就是复制该片段，然后结合几个效果，令画面中的这些元素变得虚一些，显得不那么明显。你将为前排的墙围添加模糊效果，令观众不太注意它的细节。

1 在项目Lifted Vignette中找到片段GOPR0009，其画面内容是直升机降落的镜头。

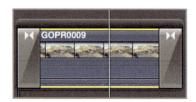

为了使前景模糊一些，你需要复制这个片段。原有的片段提供正常的背景画面，而复制的片段则进行一些模糊处理，并与原有片段合成在一起。在模糊处理的时候，将会引入遮罩技术，由遮罩来决定哪些地方需要进行模糊处理，哪些地方不需要。首先，复制该片段，然后将复制出来的片段放在原始片段的上方。

2 将播放头放置在片段GOPR0009的开始点上。

我们只需要对片段进行复制，不需要获得新的转场。

3 选择并删除任何应用在GOPR0009上的转场。

4 选择该片段，确认播放头位于片段的开始点上，按【Command-C】组合键复制它。

5 按【Command-V】组合键，将复制出来的片段粘贴在原有片段的上方。

作为连接片段，它的画面会首先显示在检视器中，并将位于其下方的片段画面遮挡住。你需要通过合成的方法令两个片段中相应的部分都是可见的。

NOTE ▶ 如果在时间线上激活了扫视功能，新的片段将会被粘贴在扫视播放头所在的位置上。

创建遮罩

一个遮罩形状定义了位于上方的片段画面中的可见区域。画面中的其他区域将会变成透明的，允许下方的片段画面显露出来。在本次练习中，墙围是前景，并需要在位于上方的片段上施加遮罩效果。如果预先缩小检视器的显示比例，并停用位于下方的片段，你会发现具体操作变得更加容易。

1 在检视器的"缩放"下拉列表中选择低于当前显示的比例。

比如，如果当前显示比例是60%，那么选择50%。这样，在实际的视频画面周围就会出现一些多余的空间，便于你调整遮罩。

2 选择下方的GOPR0009，从关联菜单中选择"停用"选项，或者按【V】键。

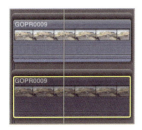

现在，位于上方的片段是可见的，在没有进行任何调整之前，检视器中的画面还没有发生任何变化。

3 选择位于上方的片段。

4 在效果浏览器中搜索"遮罩"。

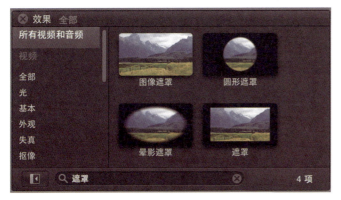

在效果浏览器中显示4个遮罩效果：图像遮罩、圆形遮罩、晕影遮罩和遮罩。我们可以使用最后一个效果。

5　双击"遮罩"效果，将其应用到项目中被选择的片段上。

　　此时可以看到GoPro的片段出现在了Mitch的采访画面上。稍后，我们会启用位于下方的GoPro片段，这样就可以挡住Mitch的画面了。接下来，你需要拖动遮罩位于四角上的控制点，令遮罩覆盖在墙围上。

6　将右下角的控制点拖放到画面之外，使墙围右边缘的延长线斜向延展到画面外之后正好能落在这个控制点上。

NOTE ▶ 缩小检视器的显示比例，令图像四周留出一定空间，有助于精确地调整控制点的位置。

7　将左下角的控制点拖放到图像的左下角附近。

8　将左上角的控制点拖到画面左边的外侧，令其正好在墙围上边缘向左延伸出去的延长线上。

9　最后，将右上角的控制点拖到墙围右上角的位置上。

　　你已经将遮罩布置在了墙围上，接着，就可以合成这两个片段，并添加上景深的效果了。

NOTE ▶ 墙围的边缘并不是很规整，我们可以通过"模糊"效果来弱化这个问题。

与带有遮罩的片段进行合成

　　现在可以重新启用位于下方的片段了。如果我们将"高斯"效果添加到位于上方的只剩下墙围画面的片段上，那么观众的注意力就不会被分散了。

1　选择位于下方的GoPro片段，按【V】键。
　　上下两个片段的合成画面显示在了检视器中，但是在应用"模糊"效果之前，没有任何改变。

2　选择位于上方的GoPro片段，找到"高斯"效果，将其应用到片段上。

在添加了"模糊"效果后,你可以略微调整一下遮罩的形状,令其与墙围的形状更加吻合。

3 如果需要,选择位于上方的GoPro片段,然后拖动遮罩上的控制点,调整它的形状。

NOTE ▶ 如果看不到控制点,那么在视频检查器中选择一下"遮罩"效果。

4 在"高斯"效果参数中将Amount滑块拖到17左右。

5 此时,取消选择"高斯"效果左边蓝色的复选框则可以关闭这个效果,再次选择此复选框即可重新开启这个效果。通过这样的操作,可以在检视器中反复比较片段具有这个效果与没有这个效果之间的不同。

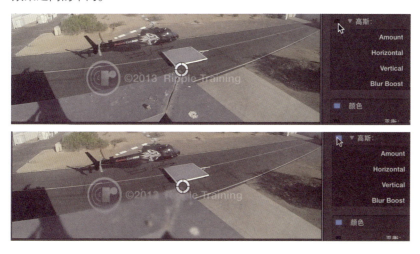

至此，观众的视线会更多地去关注画面中的直升机，而不再会被墙围所干扰。接下来就可以重新应用转场，令镜头间的切换变得更平顺一些。

参考 6.3
使用视频转场

在对故事的连续讲述中，转场通常可以提示观众有关时间和地点上的变化。比如，在回到很久以前的一个令人感到悲伤的场景中的时候，可能会使用一个速度非常缓慢的转场。由于转场非常灵活、特征非常明确，因此在添加的时候要特别小心。过度使用转场，则会非常容易令观众在判断故事情节的时间与空间的时候产生混乱。

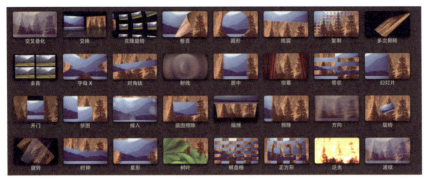

部分Final Cut Pro内置的转场

在Final Cut Pro中内置了许多转场，你可能会禁不住在同一个项目中使用各种各样的转场。但是，请务必要抑制这样的冲动，尽量使用一致的转场。过多地添加转场会降低整个项目的制作质量。

当然，在没有尝试过不同的转场之前，你可能无法判断如何才能在如此多的转场中做出合适的选择。接下来，让我们看看在"交叉叠化"之外，还有什么可用的转场。首先，从学习3种应用转场的方法开始吧！

练习
体验多种转场效果

应用转场和调整转场的方法与应用效果的方法非常类似，但是要注意操作中选择片段和选择编辑点的区别。

在两个片段之间的转场涉及两个编辑点：左边片段的结束点和右边片段的开始点。以下是Final Cut Pro将转场应用到片段之间的编辑点上的处理方法：

之前，你已经学习过第一种方法了，即选择某个编辑点，应用转场。

选择一个编辑点

将转场应用到这个编辑点上

第二种方法是选择一个片段，然后应用转场。在该片段的开始点和结束点会分别有一个转场。

在某些时候，如果你需要同时为时间线上的所有片段都添加上转场，那么可以全选这些片段，然后按【Command-T】组合键，就会在每个编辑点上都添加上默认的"交叉叠化"转场。

好，让我们在项目中尝试添加几个"交叉叠化"转场。

1. 选择Aerials_11_02a的开始点，大概在项目中的0:30的位置上。

如果在这个位置上添加一个"交叉叠化"转场，那么当画面从机库中的场景与起飞场景的B-roll片段转换到航拍片段的时候，观众就会觉得比较自然。

2. 按【Command-T】组合键应用默认的"交叉叠化"转场。

当前的"交叉叠化"的转场时间长度为1秒，令观众很流畅地开始跟随航拍的画面。为了返回到采访中，你将会在该片段的结尾处应用另外一个"交叉叠化"转场，也就是在项目的0:42的位置上。

3. 选择片段DN_9493的结束点，然后按【Command-T】组合键。

好，现在转场令镜头之间的切换变得缓和了一些。伴随着音乐，观众很舒畅地看到采访有关的B-roll和航拍的画面。

转场中涉及的媒体余量

由于目前的片段都具有足够的媒体余量，所以在应用转场的时候没有碰到任何问题。实际上，在修剪片段的时候，我们就告诉了Final Cut Pro忽略被修剪掉的媒体素材。但是，Final Cut Pro并没有删除这部分媒体素材，它们仍然保留在文件中，称为媒体余量。媒体余量是位于片段的开始点和结束点之外的部分。

左右两边带虚线的部分就是媒体余量的部分

如果片段的开始点或者结束点设定在了源媒体的头尾，那么就不会有媒体余量。即便没有媒体余量，仍然有一种变通的方法来应用转场。Final Cut Pro可以强行改变片段的开始点，以便添加上转场。

Final Cut Pro会显示出当前被选择的片段或者编辑点是否具有媒体余量。如果在片段的编辑点上显示的是黄色的方括号形状，那么至少具有2帧的媒体余量可用于转场。如果是红色的方括号形状，那么就表示没有媒体余量。

好，下面让我们回到项目中，学习一下Final Cut Pro如何处理黄色和红色的方括号，以及在没有媒体余量的时候如何应用转场。

1 选择Aerials_11_02a的结束点，然后选择Aerials_13_02a的开始点。

在这里，黄色方括号表示在结束点之后还具有一部分媒体素材。而开始点显示为红色方括号，表示在此之前没有任何媒体素材了。

2 按【Command-T】组合键应用默认的"交叉叠化"转场。

弹出的警告对话框指出，片段边缘之外没有足够的媒体来创建转场。但是如果允许Final Cut Pro对片段进行波纹修剪，那么就可以前行创建转场。

3 单击"创建转场"按钮，并注意观察时间线的变化。

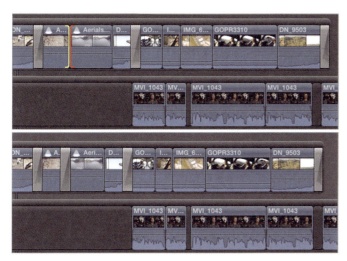

注意,波纹修剪导致编辑点右侧的内容都发生了位移。为了添加转场,你已经同意进行波纹修剪了。因此,Final Cut Pro通过波纹修剪创建出了足够的媒体余量来服务于转场。以下示意图表示在添加转场之前和之后的情况。在添加转场之前,位于下方的片段在开始点部分是没有媒体余量的。

在应用转场前

在波纹修剪后应用了转场

软件调整了承纳转场的片段的时间长度,同时也影响了后续其他片段的位置。在某些时候,这就是你希望的结果。但是,它也可能令你感觉到混乱,因此,在执行这个操作的时候,会弹出一个警告对话框。这样做下去的问题是,原来镜头切换的位置是与音乐的节奏相配合的,添加转场会导致这些切换位置产生变化。另外,它也会导致画面的最后出现Mitch的镜头。

转场导致low-pass音频到采访片段之间出现了1秒的错位

B-roll片段淡出到了黑色背景中，之后Mitch的画面突然出现

通过滑动编辑创建媒体余量

当片段的某个需要应用转场的编辑点没有足够的媒体余量，同时你又不希望强制进行波纹修剪而影响其他后续片段的时候，你还有另外一个选择：先进行滑动编辑。滑动编辑可以调整在片段当前的开始点和结束点之间可以看到的媒体内容，而片段本身的时间长度与片段在时间线上的位置都保持不变，开始点与结束点所对应的媒体画面则发生了变化。

1 按【Command-Z】组合键撤销上一步进行了波纹修剪的转场。

下图表示某个片段的开始点缺少媒体余量的情况，在之前的练习中，选择开始点的时候将会看到红色方括号。

2 从弹出"工具"菜单中选择修剪工具，或者按【T】键。

3 将修剪工具放在Aerials_13_02a的中间，这时光标会显示当前的编辑方法是滑动。

4 向左边拖动片段的内容，令片段开始点的左侧具有一定量的媒体内容，以此来创建出媒体余量。

NOTE ▶ 媒体余量至少应该是即将添加的转场时间长度的一半。

5　按【A】键选择选择工具。

6　单独选择Aerials_13_02a的开始点，然后按【Command-T】组合键应用默认的"交叉叠化"转场。

这样就添加了1秒的"交叉叠化"转场，而且没有出现任何波纹移动。

如果在片段结尾处出现了红色方括号，那么也可以先进行一点滑动编辑，然后再应用转场。

使用转场浏览器

转场浏览器用于浏览和整理转场，这里可以看到Final Cut Pro内置的转场、你自己安装的第三方的转场，以及单独存储下来的自定的转场。为了更高效地管理转场，通过浏览器还可以在应用转场之前预览其效果。

1　在工具栏中单击"转场浏览器"按钮。

与其他浏览器类似，在转场浏览器左边会显示转场类别的栏目，在下方会有一个搜索栏。

2　在时间线上，选择片段Aerials_13_02a和DN_9493之间的编辑点。在这个编辑点上将要应用一个"交叉叠化"转场，但是，让我们先测试几个其他的转场效果。

3　在转场浏览器中，扫视几个转场的缩略图。

在检视器和浏览器的缩略图中，软件使用了两个模版图像来演示转场的效果。

4　当扫视转场的缩略图的时候，可以按空格键，按照1:1的时间来预览效果。

如果你觉得某个转场可以反复使用，那么也可以将其设定为默认转场。这样，通过快捷键【Command-T】就可以迅速地应用该转场了。

5　找到名字为"卷页"的转场。按住【Control】键单击它，然后在弹出的快捷菜单中选择"设为默认"命令。

"卷页"会移动到转场浏览器的最上方，并成为默认的转场。如果按【Command-T】组合键，那么应用的就是"卷页"了。

6　确认时间线上仍然选择着之前的编辑点，按【Command-T】组合键。

这样，新的默认的转场"卷页"就应用到了被选择的编辑点上。

自定转场

与片段和效果类似，当转场被剪辑到项目中后，在检查器中就会看到转场的相关参数。

1. 选择刚刚添加到时间线上的转场，然后将播放头放在转场上。

在检查器中显示出转场的相关参数，它们都是可以根据实际需求进行修改的。此外，卷页也有显示在检查器画面内的"在屏控制"。

NOTE ▶ 按住【Option】键单击一个转场，或者一个片段，则会在选择该转场或片段的同时，将播放头定位在单击的位置上。

除了可以在转场检查器中调整参数，在时间线上也可以调整转场的时间长度，进行波纹修剪和卷动编辑。

在转场中有以下几个控制点：

波纹修剪后续的片段

改变转场时间长度

卷动编辑编辑点位置

波纹修剪离开的片段

改变转场时间长度

2. 将光标放置在转场左边或者右边的边缘上。
3. 缓慢地将光标移动到转场的上方，然后再移动回来。
   在这里会看到两个光标形状，代表了两个功能：波纹修剪和改变时间长度。
4. 将光标放在转场边缘的中间，用于调整时间长度，然后向外侧（远离转场的中央）方向拖动。

当转场的时间长度变长后，两个片段之间画面转换的速度也就变慢了。由于转场需要媒体余量，所以转场的时间长度取决于两个片段中媒体余量最短的那一侧的时间长度。

此外，你也可以通过Dashboard来调整被选择的转场的时间长度。

5. 在选择了转场以后，按【Control-D】组合键，在Dashboad上显示出转场的的时间长度。

NOTE ▶ 请选择转场，而不是转场的边缘。

6 当Dashboard中显示出转场的时间长度后，输入"1."（数字1和句点），按【Enter】键。

这样，转场的时间长度恢复为1秒。

接下来，我们要应用更多的"交叉叠化"转场，因此，首先将默认转场恢复为"交叉叠化"。

7 在转场浏览器中，按住【Control】键单击"交叉叠化"转场，在弹出的快捷菜单中选择"设为默认"命令。

8 选择项目中所有的"卷页"转场，然后按【Command-T】组合键，这样就可以把所有"卷页"转场都替换为"交叉叠化"转场。

好，现在时间线上的"卷页"转场都变成了"交叉叠化"转场了。

NOTE ▶ 如果想删除某个转场，那么先选择它，然后按【Delete】键。

添加更多的"交叉叠化"转场

在了解了使用转场的基本信息后，你已经可以重新着手于项目Lifted Vignette的剪辑了。请按照下表，在多个编辑点的位置上添加转场。除单独说明的之外，所有位置都是指定片段的开始点。比如根据第二行的信息，应该是在片段Aerials_11_02a的开始点上添加"交叉叠化"转场。

NOTE ▶ 至此，保留GOPR0009当前的状态。

- 项目的开头
- Aerials_11_02a
- Aerials_13_02a
- DN_9493
- GOPR1857
- DN_9503的结尾
- Aerials_11_01a
- Aerials_11_03a
- DN_9420的结尾
- DN_9424
- DN_9424的结尾

好，现在大部分需要的转场都已经添加完毕，而且效果也不错。在项目Lifted Vignette中可能会有一些微小的地方需要调整，但可以等到即将共享这个项目的时候再做决定。

参考 6.4
使用变换功能进行画面合成

在Final Cut Pro中可以将视频片段的画面放置在检视器的任意位置上，还可以旋转、裁剪和裁切画面。也可以缩放画面大小、改变画幅比例，甚至可以将两个视频并排放置在同一画面中，形成分屏画面的效果。此外，如果视频片段在时间线上是上下叠放的，还可以通过混合模式创建出更复杂的合成效果。

以下内容是当片段上下叠放在时间线上的时候，可以用于合成操作中的一些参数。

- 变换、裁剪和变形：在界面的两个位置都可以找到这些参数——在视频检查器中，或者在检视器的左下角。如果组合使用这些参数，就可以将视频画面放置在检视器中的任意位置。

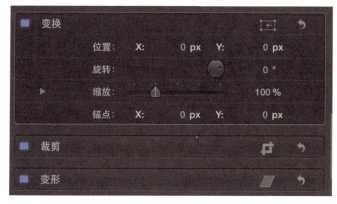

检查器

检视器

▶ 不透明度：在视频检查器和视频动画编辑器中可以调整该参数。

检查器

视频动画编辑器

练习 6.4.1
创建双画面分屏的效果

在项目Lifted Vignette中，片段GOPR3310展现了Mitch驾驶直升机飞行的场面。为了使视野更清楚一些，他向前倾了一下身体。让我们合成进来另一个视频画面，令观众可以同时了解Mitch到底在看些什么。

针对分屏的要求进行一次三点编辑

尽管以下操作步骤略显烦琐，但是一旦你掌握了它们，下次运用起来就会游刃有余了！

1 在项目中找到GOPR3310。

你需要将B-roll片段Aerials_11_04a连接在时间线上，其连接位置与GOPR3310的相同，并使其时间长度也一致。因此，你将要进行一次基于时间线的三点编辑。

在基于浏览器的三点编辑中，你需要先在浏览器的源片段中通过开始点和结束点定义一个时间长度。在时间线上，通过播放头的位置定义第三个点。在前面的课程中，你已经学习了如何进行操作。而在基于时间线的三点编辑中，时间长度这个重要参数是在时间线上确定的，而不是在浏览器中。当你在浏览器中标记了一个开始点或者结束点的时候，一个时间长度的数值就被确定了下来。当你在时间线上再次标记出一个时间长度后，后者就会取代前者的数值。

在本练习中，你将根据GOPR3310的时间长度设定一个新的时间长度，然后告诉Final Cut Pro使用源片段的结束点进行倒序编辑，令该片段从后向前填装进来，并形成一个连接片段。

2 选择GOPR3310片段，然后按【X】键，以当前片段为准标记出一个选择范围。

单独选择时间线上的某个片段并不会设定一个时间范围，但是按【X】键相当于按照时间线上片段的时间长度选择了开始点和结束点，同时标记出了该时间长度。在界面上，可以通过片段两个边缘上的不同来判断哪种是选择片段，哪种是标记片段。

选择片段

标记片段

在该片段中，Mitch多次向前倾身，以观看飞行前方的情况。你将单击片段的中部，左右拖动，尝试获得该片段新的开始画面和结束画面。在调整Mitch进行地形观察的片段后再进行倒序的连接编辑，Final Cut Pro将会自动计算应该倒序地填入多少视频内容。

3 在时间线上按【T】键启用修剪工具。

4 将光标放在GOPR3310的中央，按下鼠标并左右拖动。

在拖动的同时，在检视器中会出现两个画面，分别代表片段的开始点和结束点上的视频内容。

5 继续拖动操作，直到你在左边画面上看到Mitch向后靠回到座椅上，在右边画面上看到Mitch略微向前倾身的时候，松开鼠标。

NOTE ▶ 你可以根据上面两个画面背景中山脉的形状，来帮助判断开始点和结束点的位置。

在松开鼠标后，时间线上的片段已经根据新的编辑点自动更新好了。

6 按【X】键，再次标记该片段的时间长度。

7 在浏览器中找到Aerials_11_04a，将播放头或者扫视播放头放在2:30左右的位置上，在这里直升机正在围绕着断崖飞行。设定一个结束点。

至此，已经完成了编辑前的准备工作。如果按【Shift-Q】组合键就可以执行这个编辑。

8 按【Shift-Q】组合键执行这个倒序的连接编辑。

目前还不能直接看到剪辑的效果。航拍的片段目前叠加在GoPro片段的上面，遮挡了后者的画面。我们需要调整这两个片段画面的位置，以便创建一个合成后的视频画面。

NOTE ▶ 如果这时弹出一个警告对话框，那么可能是因为Aerials_11_04a被选择的时间长度过短。单击"取消"按钮，重新定义Aerials_11_04a的结束点（可以向右边多选择几帧）。

在检视器中放置视频画面

好，现在两个B-roll的片段已经叠放在时间线上了。接下来，你将在检视器中将它们分别布置在画面两侧，以便观众能够同时看到它们。

1. 在时间线上，按住【Option】键单击Aerials_11_04a，选择该片段，并同时令播放头移动到该片段上。

2. 在检视器中选择变换工具。

在航拍视频的画面四周出现一个线框，其中包含一些控制手柄，这表示在屏控制已经被激活了。你可以直接操作这个线框来实现缩放和旋转，拖动中心的控制手柄则可以移动画面的位置。让我们平移一下这个画面，以便为Mitch的镜头腾出足够的空间。

3. 在检视器中向左拖动航拍镜头画面中心的控制手柄。

4. 参考检视器中的参考线，使图像在垂直方向上是对齐的，继续拖动，直到中心控制手柄位于屏幕左侧1/3处。

为了在检视器中看到该片段的全部画面，必须要将它缩小一些，那么可以通过拖动边角上的控制手柄来实现这个目标。

5. 将线框右下角的控制点向线框中央方向拖动。当线框的左边缘正好位于检视器最左边的边缘上的时候，松开鼠标。

现在已经将航拍的片段进行了缩放，并放在了合适的位置上。接下来处理Mitch的镜头。

6 在项目中选择GOPR3310。

在检视器中该片段画面的四周也出现了线框。在时间线上看，航拍镜头位于Mitch采访镜头的上方，所以在检视器中，前者遮挡了后者的画面。

7 在检视器中，将线框左下角向线框的中央拖动，直到其垂直方向上的高度与航拍片段的高度一致。

Mitch的画面变小了很多，而且两个片段的画面也不是肩并肩地排放在检视器中的，因此，你需要修剪一下画面的边缘。

8 将光标放在线框内部，将Mitch的片段向右边拖动，直到Mitch的脸部位于检视器右边的1/3处。

在这两个片段的下方显露出了Mitch采访片段的画面，让我们稍后再处理这个问题。首先，通过裁剪片段的方法令Mitch在直升机中的画面充满检视器的右边。

9 在检视器的左下角，从弹出菜单中选择裁剪工具。

裁剪工具有3个按钮，分别代表了3个模式：修剪、裁剪和Ken Burns。修剪可以去除图像中的某些部分；裁剪除了可以去除图像中的某些部分，还会将剩余部分放大，以充满当前片段画面的线框；Ken Burns则可以通过缩放和摇移来制作画面运动的动画。

10 在裁剪工具中选择"修剪"模式，将Mitch片段左右两边的边缘向中央拖动，缩小它所占用的面积。

11 考虑到Mitch在向前倾身，所以多留一些空间。

12 单击检视器中的"完成"按钮，审核一下编辑后的效果。

在此前进行了倒序的连接编辑，因此，在当前这个合成画面播放完毕后，直升机开始围绕断崖飞行。接着，Mitch身体向前倾了一下，观看飞行前方的路线情况，时机选择得恰到好处。

练习 6.4.2
使用视频动画编辑器

除了在检查器中可见的参数和某些检视器中的在屏控制，第3种访问和编辑相关参数的界面就是视频动画编辑器。在时间线上，还可以一边观看这些参数，一边与其他片段进行比较。

1 按住【Control】键单击第一个片段MVI_1043，它位于片段GOPR3310的下方，然后选择"显示视频动画"命令。

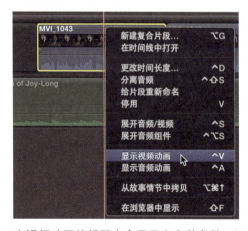

在视频动画编辑器中会显示出多种参数，还包含一些设置效果的参数。在其最下边是"复合：不透明度"参数。如果该参数是可以访问的，那么就会有一个最大化按钮。

2 单击最大化按钮，展开显示不透明度的控制。

改变不透明度有3种方式。第一种是淡入淡出滑块，它与第4课中用到的音频片段的淡入淡出滑块类似。在这里，使用该滑块可以创建视频淡入淡出的效果。

3 将淡出滑块向中央拖动，观看画面变化。

这时，片段的视频画面会逐渐变成黑色，如同在该片段和一个空隙片段之间添加了"交叉叠化"转场。

4 按【Command-Z】组合键撤销刚才的操作。

第二种设置不透明度的方式类似于调整音频音量。

5 将光标放在不透明度控制横线上，将其向下拖动到0%。

此时，Mitch的采访画面就消失了。

当不透明度参数低于100%的时候，画面就开始有一些透明。当其达到0%的时候，就变得完全透明了。

NOTE ▶ 第三种设置不透明度的方式是关键帧，将会在第7课中进行讲解。

6 单击"关闭"按钮，或者按【Contro-V】组合键，关闭视频动画编辑器。

好，现在已经完成了一个片段的编辑。下面继续操作下一个。

复制和粘贴属性

对于分屏画面下方的另外一个片段MVI_1043，你可以使用复制和粘贴属性的方法进行处理。经过本次练习后，你会发现粘贴属性的功能会大幅提高操作效率，它可以瞬间将相同的指定参数分享给多个片段。

1 选择片段MVI_1043，这个片段刚刚调整过不透明度参数。接着，按【Command-C】组合键进行复制。

2 选择后面两个片段MVI_1043，然后选择"编辑 > 粘贴属性"命令，或者按【Command-Shift-V】组合键，接着需要确定哪些参数将会被粘贴给当前片段。

在对话框的列表中分别显示了视频和音频属性。你可以选择多个不同的希望复制给第二个片段的属性。请注意，"不透明度"并没有出现在列表中。如果回忆一下视频动画编辑器的界面，可以了解到该参数实际上是包含在"复合"参数内部的。在检查器中也是一样的，"不透明度"被放置在了"复合"这个大的类别之中。

3 选择"复合"旁边的复选框，单击"粘贴"按钮。

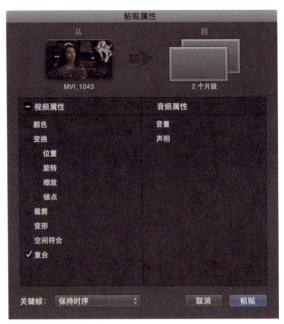

在项目中，验证一下需要修改的片段的不透明度是否降低到了0%。完全透明意味着在分屏画面的下方是根本看不到Mitch采访画面的。

参考 6.5
复合片段

在Final Cut Pro中有很多容器，例如片段、项目、时间和资料库，都分别是不同用途的容器。复合片段也是一种容器，它类似于时间线，可以容纳多种不同的媒体文件，然后像普通片段一样被放置在时间线上。

NOTE ▶ 在浏览器中，复合片段上会有一个特殊形状的图标。

无论是在浏览器中，还是在时间线上，打开复合片段之后，在时间线的导航栏上就会显示出符合片段的图标，以及它所属的事件。

复合片段可以被放置在项目中，或者放置在另外一个复合片段中。通常，这种方式称为嵌套。但是，嵌套这个名词还不足以表达复合片段的多种优势。

一个复合片段可以包含一个或者多个片段、故事情节、静止图像、动画、音乐、特效文件等。只要是能放置在项目中的，就一定可以放置在复合片段中。

复合片段最重要的特性是：其中包含的内容是动态的，是活的。假设复合片段A分别被使用在了项目1和项目2中，当在项目1中对复合片段A进行修改后，项目2中的复合片段A会自动更新。尽管可以通过克隆复合片段防止这样的自动更新，但这并不是默认的状态。如果需要，在Final Cut Pro X的用户手册中可以查询更多相关信息。

练习
将几个片段的合成到一个复合片段中

复合片段最常用的场合就是将一组片段同时转换到一个复合片段中，这样就简化了片段和时间线的管理工作。在时间线上，可以将原本分散为多个横栏、上下交错在一起的许多片段直接复合为一个单独的片段。针对复合片段，也可以应用效果。

在项目Lifted Vignette中，如果将叠放在一起的这些片段转换为复合片段，那么在实现淡入淡出效果的时候就更简单了。同时，通过单独的一个音量控制就可以调整它们的声音，这就使混音的工作也变得更容易。

1 在项目的末尾找到并选择两个叠放在一起的GOPR0009片段。

2 在选择片段后，按【Control】键单击任何一个片段，从弹出的快捷菜单中选择"新建复合片段"命令，或者按【Option-G】组合键。

这时会弹出对话框，要求输入复合片段的名称，确定存储在哪个事件中。与新建项目类似，复合片段是存储在某个事件中的。

3 在"名称"文本框中输入Wall Composite，"事件"则选择"Primary Media"，单击"好"按钮。

这样，两个GoPro就折叠为一个单独的复合片段，并存储在事件Primary Media中。复合片段与普通片段的很多特征都是相同的，比如可以为其添加转场。

4 在时间线中选择Wall Composite，按【Command-T】组合键。

这样，"交叉叠化"转场就被添加到该片段的两侧。

> **NOTE ▶** 如果你需要调整位于复合片段内部的某个片段，或者需要将新的片段添加到项目中的某个复合片段中，那么双击该复合片段，在独立的复合片段的时间线中进行编辑即可。

至此，你已经完成了第一轮的针对剪辑的优化工作。在开始部分已经提及了，你可能会完全不需要这些技术，但是也可能全部都觉得非常有用。希望经过这些练习，你已经掌握了一些能够在下一次剪辑中利用的实际技能。

▶ 在浏览器中创建复合片段

在浏览器中可以从零开始创建一个复合片段，而完全不需要预先打开某个项目。在浏览器中按【Option-G】组合键就会弹出创建复合片段的对话框，它与新建项目的对话框类似，需要你在这里确定一些视频格式的参数。在创建好复合片段后，双击它即可打开一个时间线，接着就可以进行编辑了。

> **NOTE ▶** 新建立的复合片段都会显示在浏览器中，随着出现越来越多的复合片段，你可以创建一个智能精选，令其自动搜索并收集在事件中所有类型为复合的片段。

课程回顾

1. 如何在界面上打开自定速度的界面？
2. 如果希望在对片段变速后不引起后续片段的波纹移动，那么应该使用哪个命令？
3. 你已经手动调整了某个片段的速度，但是在这个速率下，该片段的时间长度太长了。你如何对该片段进行修剪，同时又不改变它的速度呢？
4. 使用哪个变速效果可以实现下图所示的效果？

5. 在哪里可以访问一个效果的参数？
6. 如何还原某个效果的参数？如何禁用该效果？如何从某个片段中删除一个添加过的效果？
7. 在下图中，红色方括号说明了什么问题？

8. 参考上图，请说出为了应用某个1秒的转场，两种创建必要的媒体余量的方法。
9. 下图中哪个表示可以调整转场的时间长度了？

A　　　　　　　　　　B　　　　　　　　　　C

10. 如何使用转场浏览器中的某个转场来替换项目中已有的某个转场？
11. 激活检视器在屏变换控制的两个界面是什么？
12. 粘贴与粘贴属性有什么不同？
13. 如何访问一个复合片段中某个单独的元素呢？

答案

1.

   "重新定时"下拉菜单

   重新定制编辑器

2. 使用"从故事情节中复制"命令可以将该片段变为一个连接片段。这样在修改片段速度和时间长度的时候，就不会影响其他片段了。
3. 通过波纹修剪可以修改片段的时间长度，同时保持其播放速度不变。

4. "重新定时"下拉菜单中的"切割速度"命令。
5. 首先，该效果必须已经应用到了项目中的某个片段上。接着，必须先选择该片段，或者播放头正好位于该片段之上。这样就可以在检查器中访问该效果的参数了。
6.

   取消选择效果的还原按钮（弯钩形状的图标）可以还原该效果的所有参数。

选择效果名称左边的蓝色复选框可以禁用该效果。

在选择了效果后，按【Delete】键。

7. 片段的开头没有足够的媒体余量用于转场。
8. 使用滑动修剪工具并向左拖动片段的开头；或者使用卷动修剪工具向右边拖动，以便在片段开头留出更多媒体余量。
9. C
10. 你可以将新的转场直接拖到已有的转场上，类似于执行一个替换编辑；或者预先选择现有的转场，然后在转场浏览器中双击新的转场。
11.

在检视器中

在检查器中

12. 粘贴会将被复制的片段和片段的属性都移动过来，类似于替换编辑。粘贴属性则允许你选择被复制片段中的某些属性，并将它们引用到目标片段上。
13. 双击该复合片段。

第7课
完成剪辑

本课中讲述的是剪辑工作流程中的最后阶段。这时候会在项目中添加一些有趣的元素，比如标题字幕和图形。还有一些烦琐的问题需要解决，比如音量的微调、为B-roll配上一点点音效。当然，这个为整个故事情节画龙点睛的时刻已经到来了。

对于当前的Lifted Vignette项目，需要为其增加很多细节信息。比如，可以在画面上添加下三分之一处字幕，用以说明Mitch的身份。有许多音频的细节需要修正，并且要确保所有音频混合在一起后非常自然。某些片段也需要进行颜色调整，修正它们的白平衡，并使镜头与镜头之间的色彩感觉相一致。虽然在本课中要做的事情很多，但是不用担心，操作依然是非常简单的！

学习目标
- 添加和修改下三分之一处字幕
- 展开编辑音频和视频
- 添加音频关键帧
- 对片段进行色彩调整

参考 7.1
使用字幕

通过图形信息，你可以在画面上提示并回答很多观众常见的疑问，比如谁、什么东西、什么时候、在哪里、为什么等。使用字幕，你可以有多种方法来展示这些需要表达的信息。

位于项目开头部分的字幕如同一本书的封面，诱使观众坐下来，花上一点时间来了解具体的内容。屏幕下三分之一处的字幕通常用于表明影片中人物的信息。在影片最后还应该加上有关制作人员的信息。借助字幕的功能，你可以快速而简洁地完成这些任务。

Final Cut Pro可以利用Motion实时设计引擎的优势为项目添加图形。在Final Cut Pro中即可调用来自于Motion的高质量模版，即使计算机中并没有安装Motion。如果你购买并安装了Motion，那么就可以定制自己的模版，或者修改现有的模版。在不断扩大的用户群体中，你还可以找到许多可以应用于Final Cut Pro和Motion的第三方模版。

练习 7.1.1
添加和修改一个下三分之一字幕

在之前为项目添加B-roll片段的时候，我们为Mitch的采访片段的画面单独空出了一段时间。在这里可以添加一个字幕，提示观众画面中的人物是Mitch。

1 在Lifted Vignette中，将播放头放在Mitch出现在画面中的第一帧上，大概是在第12秒的位置。

2 单击"字幕"按钮，打开字幕浏览器。

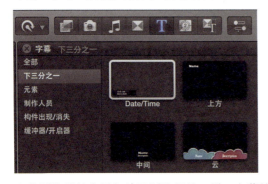

字幕浏览器的布局与效果浏览器的一样，字幕的分类位于左边，右边则是字幕缩略图的列表。

3 在左边栏中选择"下三分之一"选项，然后在"新闻"的子分类中找到"居中"。

4 选择居中的下三分之一字幕，按空格键预览其效果。

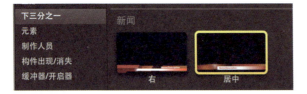

在字幕浏览器中的缩略图上，以及在检视器的画面中都可以看到预览效果。在字幕上，我们需要加上Mitch的名字与他公司的名称。为了修改字幕的内容，必须先把字幕添加到项目中。

5 确认播放头仍然位于Mitch采访画面出现在屏幕上的第一帧，双击字幕"居中"，将它作为连接片段剪辑到项目中。

好，字幕连接在了Mitch采访画面出现在屏幕上的第一帧。接下来，使用在屏控制的方法输入文字，并调整文字的属性。

1 在项目中双击名字为"居中"的字幕片段。

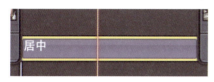

在你双击的时候，发生了以下这些事件：首先，片段被选择，接着播放头移动到该片段能够显示出字幕内容的第一帧，最后预设的文本字符被全选。

2 在检视器中，文本是自动高亮显示的。因此，可以直接输入Mitch Kelldorf H5 Productions，然后按【Esc】键，退出文本输入状态。

另外，也可以在文本检查器中输入字符。

3 在检查器窗格中，选择"Text"选项卡。

其中已经显示出刚刚输入的文本信息。这次，我们在检查器中对其进行修改。

4 在"Text"选项卡下的文本框中，在H5 Productions的前面输入"Pilot,"（带有逗号）。

如果在同一行中有两组文字信息，那么应该在它们之间保留一些距离，这可以方便观众的识别。后面，我们会在检视器中，用一个小技巧调整这个下三分之一文字。

NOTE ▶ 针对有疑问的单词，拼写检查功能将会在该单词下方显示出虚线，并提示一个正确的单词。

5 在检视器中，将光标放在字幕的上方。

此时在文字周围会出现一个线框，选择工具的图标也会更改为移动工具的图标。这时候进行拖动，则可以移动字幕的位置。

6 仍然是在字幕位置，要选取Mitch的姓名。连续3次单击选择Mitch的姓名，然后用鼠标在字幕中拖动，来选取姓名。

为了让Mitch的名字与他的工作职位相区别，让我们修改一下文字的颜色。对于这个字幕，文字有两个涉及颜色的参数，其中一个就在Text检查器中。

7 在Text检查器中，找到"表面"选项。

通常情况下，"表面"参数处于激活状态，但在检查器中会被隐藏起来。

8 用鼠标单击"表面"右侧的"显示"按钮。

"表面"参数控制文字中字符的外观。

NOTE ▶ 此外，你也可以双击检查器中某个部分的横栏，打开或者隐藏该部分参数。

在颜色参数中有两种颜色控制方法：颜色块和弹出的调色板。你可以单击颜色块，打开OS X的颜色窗口。或者，单击向下的箭头按钮，打开调色板。

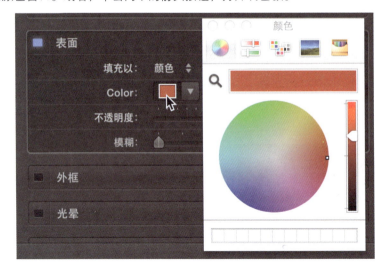

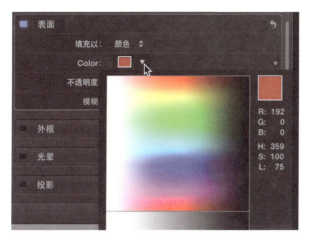

9 使用颜色块，或者弹出的调色板，选择黑色，令Mitch的名字为黑色的文字。

文本的颜色变成黑色后，接着要更换一下公司名称的字体。

10 在检视器中，选择文本"Pilot, H5 Productions"。在Text检查器中，在字体样式弹出菜单中选择Bold Italic字体。按【Esc】键。

好，现在我们已经将字幕中的两个元素做出了比较明显的区别，字幕看上去清晰了许多，为观众传达了非常明确的信息。那么，下一个要确定的因素，就是这个字幕应该在画面上保持多长时间。

一个通用的规则就是，如果时间足够剪辑师阅读两次字幕内容，但是不够阅读第三次，那么这个时间长度就比较适合观众的观看、阅读和理解。在项目Lifted Vignette中，你已经在两个B-roll片段之间预留了足够的空隙，并在其中添加了这个下三分之一字幕。因此，只需要使字幕的时间长度与空隙相吻合即可。

延长编辑

除了可以通过拖动片段两侧的编辑点来改变其开始点与结束点的位置，你也可以通过延长编辑来提高操作效率。延长编辑可以将被选择的编辑点卷动编辑到播放头或者扫视播放头的位置。

1 选择字幕片段的结束点。

在选择编辑点后，就等于指定了延长编辑的操作对象。接着，你需要将扫视播放头放置在希望该编辑点未来被移动到的位置上。

2 将扫视播放头放在字幕片段上的某个位置上。

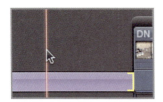

3 按【Shift-X】组合键，将编辑点移动到播放头的位置上。

你需要将字幕片段的结束点与下一个B-roll片段的开始点对齐。

4 将扫视播放头放在DN_9455的开头，确认仍然选择着字幕片段的结束点，按【Shift-X】组合键。

这与你之前学习过的修剪开头、修剪结尾和修剪所选部分很类似，延长编辑是另一个加速剪辑工作的方法。因为它可以将片段内容修剪掉，所以，【Shift-X】也被称为撤回编辑。

▶ **替换字幕文字**

在项目中可能会有多段采访，处于不同的地理位置，以及一些额外的针对画面的说明，因此剪辑师就需要添加很多字幕。有些时候，难以避免地会出现拼写错误的问题。比如，在下三分之一字幕中分别有3种文字内容：Inside the H5 Hangar、Outside the H5 Hangar和Returning to the H5 Hangar。如果之前将Hangar拼写为了Hanger，那么就可以使用"查找和替换字幕文本"命令。在"编辑"菜单中选择"查找和替换字幕文本"命令，然后输入需要查找的文本，再输入正确的文本，并进行替换即可。

参考 7.2
处理音频

　　自从开始本书的练习起,一直到现在,音频始终没有得到它应有的重视。当然,这是有原因的。在第6课中,由于插入了新片段,移除了旧片段,导致项目被大幅修改。单独的片段由于进行了波纹修剪、变速和滑动编辑,其时间长度也发生了变化。在最近的工作中,我们合成了一些特殊的画面效果,应用了一些对时间有影响的转场。由于这些修改几乎是每个工作流程中必然会发生的事情,因此,在早期花费大量精力投入到音频的处理上将会是一种完全没必要的浪费。在本课中的这个剪辑阶段进行音频处理,时机则是恰好的。这不仅仅可以优化部分剪辑的流畅性,还能够将整个影片的质量提升到一个新的高度。

　　你首先应该从单个片段的音量开始着手工作。是否每个片段都具有音频呢?这个简单的问题经常是被忽视的。如果你希望工作足够细致,那么还应该再问自己一个问题:是否画面中每个可见的、具有暗示含义的内容都具备了相应的音频信息呢?现在,你可以花一点点时间,聆听一下周围的环境。你听到了什么?计算机的风扇在转?汽车从窗外开过?钟表的指针在咔咔地走动?有飞机从头顶经过?能听到隔壁的谈话声?所有这些音频元素都可以帮助你定义周围环境中有谁、有什么、在哪里,甚至是为什么会发生某些事件。

　　此外,这些因素还会为你的知觉带来更多细节上的辨识能力。比如,来自隔壁的谈话声音比较大,那么你会推断你自己与谈话人的距离比较近,或者谈话的人正在向你的方向移动。如果声音越来越大,你可能还会感觉到一种争吵的气氛。如果谈话声音始终没有什么变化,那么你可能会将注意力转移到其他音频元素上。这些细节上的变化与分辨,都可以在混音技术中主动进行应用,以提高观众对影片的注意力,也有助于你更清晰完整地讲述故事。

　　在Lifted Vignette中,首先应该明确音量和混音的策略。Mitch谈话的音频是最优先的,其次是B-roll和音乐。整体上,音量必须保持低于0 dB,之后,将注意力集中在每个片段、片段与片段之间的音频变化,以及项目整体的感觉上。在核查单个片段的音频的时候,要确保每个片段都有对应的音频信息。片段与片段之间则专注在如何令其过渡更加自然顺畅上,其中一个技术就是稍后我们进行的在垂直方向上对音频进行混合。最后,处理音乐、声效、自然的音频和采访谈话的关系,完成项目的混音。

练习 7.2.1
为片段添加声音

　　有些时候,随着片段的拍摄而录制的同期声的音量比较低,或者有非常大的噪声,也可能根本就不能使用在影片中。比如,在机库门的片段中,我们进行了反向播放,这也令音频的播放进行了反向。这段音频即使是正向地正常播放,也不是很理想。因此,让我们在这里添加一个声效,来改善一下音频上的感觉。

1　在Lifted Vignette中,在时间线的开头,找到DN_9488。

　　在这里,因为录制的距离比较远,所以马达的声音很弱。你需要一个更明确的马达的声音,它与机库门打开的画面相呼应,并将你的故事逐渐展开。让我们搜索一下音乐和声音浏览器中的内容,寻找一个更具有感染力的声效。在音乐和声音浏览器中可以访问iTunes资料库和播放列表、预先安装的超过400个iLife的声效与音乐片段,以及作为Final Cut Pro音效集锦中超过1 300个的音频效果。

> **NOTE ▶** 如果没有文件夹Final Cut Pro Sound Effects,或者该文件夹是空的,那么在Final Cut Pro菜单中选择下载附加内容,以便安装其包含的素材文件。

2　选择文件夹Final Cut Pro Sound Effects,在搜索栏中输入motor。

这里会显示出大概25个搜索结果，多数都是与摩托车有关的音效。但是前4个是单独的发动机的。

3 双击不同的音效文件，监听它们的效果。

Motor 4的声音比较符合机库门马达的情况。

4 从音乐和声音浏览器中将Motor 4拖到时间线中DN_9488的下方。

声效片段略微长了一些，但恰好机库门被打开的画面也延续到了下一个片段DN_9390。

5 将Motor 4的结束点修剪到DN_9390结束点的位置上。

你可以使用之前学习的任何一种修剪的方法来处理音频片段。请尝试以下不同方法，最后按【Command-Z】组合键将片段恢复原状。

▶ 使用选择工具，拖动音频片段的结束点，直到其与DN_9390的结束点对齐。

▶ 选择音频片段，扫视到DN_9390的结束点上，按【Option-]】组合键，将音频片段的结尾修剪到播放头的位置上。

▶ 选择音频片段的结束点，扫视到DN_9390的结束点上，按【Shift-X】组合键，将编辑点延长编辑到播放头的位置上。

在与其他片段比较之后，我们会发现，还需要降低一下Motor 4的音量，以避免令观众觉得自己离机库门的距离太近。

6 使用选择工具，将光标放在Motor 4的音量控制横线上。

目前，音量的读数是0 dB。在Final Cut Pro中，刚刚添加到项目中的片段的音量都会是这个数值。所有片段的原始音量数值也是0 dB，它表明该音量是按照片段录制的音量进行播放的。

7 使用选择工具，将音量控制线向下拖动，直到数值显示为–8 dB。

为了保证发动机音效的平稳，可以将最开始的那段不稳定的部分去掉。说到开始部分，就让我们来检查一下Motor 4的开始点。

8 放大显示项目的开始部分。

这里有4帧的延迟，虽然不是大问题，但正好令我们可以测试一下选择工具和修剪工具之间的区别。

9 使用选择工具，将Motor 4的开始点向右边拖动，并注意观察其他片段的情况。你仅仅需要修剪4帧，但是可以多拖动一下延长一些距离，以便观察片段的变化。

在修剪之前

使用选择工具进行修剪之后

在这个步骤中，唯一变化的就是Motor 4的开始点的位置与该片段的时间长度。之后，你还需要再将片段拖回到项目的开头。下面，我们使用一种方法，以便同时完成上述任务。

10 按【Command-Z】组合键，再按【T】键切换到修剪工具，然后重复之前的操作。

修剪之前

在使用修剪工具进行修剪之后

这次，Motor 4将被进行波纹修剪，其开始点对应的帧画面变化了，片段时间长度变化了，但是开始点相对于时间线的位置仍然保持在0:00。

11 使用修剪工具，修剪Motor 4的开始点，令其减少4帧画面，正好把该片段最前面的静音部分删掉。

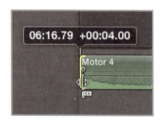

完成后，还需要将Motor 4的结束点与DN_9390的结束点对齐。接下来，让我们进行下一个片段的处理工作。

▶ **小数点后面的数字代表了什么？**

Motor 4是一个音频的连接片段，这与其他视频的连接片段和连接的故事情节都一样。它连接在主要故事情节的某个片段上，并与其保持同步。你也许会认为，音频的连接片段应该是连接在了某个视频片段的一个帧画面上，但实际情况比这还要复杂一些。普通的视频片段每秒会有23、30或者60个帧画面，这是视频片段的采样率。但是音频的采样率可以高达每秒48 000个样本。对于音频来说，无论其附着在视频上，还是已经从视频上展开，都可以修剪到一种子帧的级别上。在每一帧视频画面中，音频的调整幅度可以精细到1/80帧。

一个音频被修剪了3又74/80帧

12. 在时间线索引的"标记"选项卡中，单击显示未完成项目的按钮。

在列表中的第一个未完成项目就是Add SFX，而这个工作在刚刚进行的练习中已经完成了。

13. 选中Add SFX待办事项的复选框，令其转变为已经完成的标记。

这样，该标记会从待办事项的列表中消失。

14. 由于你已经在项目中添加了表达Mitch职位的下三分之一字幕，所以，可以选中Add a Title待办事项前的复选框。

下一个待办事项是Speed and SFX。该片段的画面是螺旋桨开始发动的画面，因此，需要配合一种更强烈的音频效果来强化画面的动感。与之前机库门的镜头有所不同，我们已经具有了一段符合直升机引擎启动和运转的音频文件。因此，这次我们直接使用同期录制的音频片段，而不需要在音乐和声音浏览器中寻找一个单独的声效了。

调整音频的速度

在这个练习中，我们将仅仅编辑项目中一个片段的音频部分，令其与视频画面相吻合。在多个B-roll片段中都包含直升机螺旋桨旋转的声音，但是在DN_9457中正好具有它启动时候的音频。所以，我们将会把这段音频加速并复制到DN_9452的下方来模拟出真实的效果。

1. 在事件Primary Media中，选择DN_9457。

这是一段直升机在屋顶上准备起飞的镜头。整个片段的时间长度是19:16。我们仅仅需要几秒的片段，以便配合时间线上的DN_9452。

2. 扫视DN_9457，但是不要太快。

在2:28:32:00时间码附近，你可以听到发动机加速、螺旋桨开始旋转的声音。我们正好需要这段声音的效果。

3. 在2:28:32:00位置创建一个开始点。

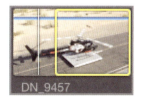

4. 使用默认提供的结束点。片段的时间长度大概是13秒。
5. 在时间线上选择DN_9452，可以看到，该片段的时间长度大约是2秒。

NOTE ▶ 时间线上被选择片段的时间长度显示在窗口的底部。

这说明，从DN_9457上复制过来的音频片段在经过变速后只要有2秒的时间长度就够了。首先，让我们仅仅编辑DN_9457中的音频部分。在工具栏的3个编辑按钮旁边，是源媒体下拉菜单。通过该下拉菜单可以限制编辑操作仅仅对音频或者仅仅对视频有效。

6 从源媒体下拉菜单中选择"仅音频"命令。

在编辑按钮上会多出一个小喇叭图标，这表示下一次编辑将仅仅对音频部分有效。接着，需要进行一次音频编辑，令音频片段放置在时间线的合适位置上。

7 在项目中将播放头放在DN_9452的开头，按【Q】键，或者单击"连接编辑"按钮。

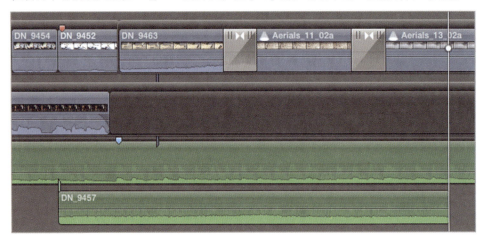

这样，来自DN_9457的音频就与DN_9452的开头对齐了，但音频片段仍然是11秒。接下来，我们要进行变速处理，届时再考虑该片段的时间长度的问题。

8 选择音频片段DN_9457，单击"重新定时"按钮，选择"自定"命令。

在片段上方会显示"自定速度"界面。由于你已经知道DN_9452的时间长度是2秒，因此你可以在"自定速度"界面将变速后的时间长度设定为2秒。此外，与之前制作机库门的声效类似，你还需要将这里的音频也延展到下一个片段上。

9 在"自定速度"界面的"设定速度"选项区域，选择"时间长度"单选按钮，然后在数值框中输入"5."（数字5和英文句点）。

音频片段的速度提高了，时间变短，但是没有被修剪掉任何内容。目前，音频片段仍然超过了起飞片段大概3秒。但是，我们可以将它与前面的Mitch触碰开关的镜头配合在一起使用。

10 将DN_9457的开始点向左边拖动，并在检视器中监看双画面的情况。

在检视器左边的画面中显示出来的是片段开始点将会对准的帧画面。

11 继续向左边拖动，直到画面中显示出Mitch推动开关的镜头。在信息提示框中会显示出片段的时间长度。

接着，使用淡入淡出的控制滑块来平滑一下音频片段的开头和结尾。

12 拖动音频片段两侧的渐变控制滑块，制作出淡入和淡出的效果。在稍后的练习中，你还将为音频添加更多的混合效果。

13 不要忘记选中待办事项的复选框，以便记录下来已经完成的预定任务。

至此，你已经为一些片段配合好了音频效果，甚至是对其中一个音频进行了变速处理。接下来，让我们再进行其他方面的操作。

针对另外一个片段展开音频

在航拍片段中都是没有音频部分的，这也很正常，因为如果摄像机上安装一个麦克风，那么录制下来的将完全是风的噪声。所以，我们将要为它们配上一些音频片段。在第一个起飞的故事情节中有两段航拍的镜头，它们的后面跟着的是片段DN_9493。这次不用从别的地方引入音频文件了，而是直接使用DN_9493中的音频，我们将片段中音频部分或者视频部分单独延展到另外一个片段的位置上，这种剪辑手法称为展开编辑。

1 在时间线上双击片段DN_9493的音频波形。

此时音频会从片段缩略图中展开出来，这样就可以单独修剪音频和视频的内容，并同时保持音频和视频的同步关系。

2 向左拖动DN_9493音频的开始点，直到它刚刚越过Aerials_11_02a的开始点。

我们将DN_9463的音频分离出来，并且将其向前延伸，配合着画面，使直升机飞行的声音与背景音乐更好地混合起来。

3 向右边拖动音频渐变的控制手柄到转场中央的位置。

这次的展开编辑也被称为J-cut，它表示音频延展到了视频的左边。相反，L-cut表示音频延展到了视频的右边。在稍后的练习中，你将会执行更多这样的操作。

预览音频混合

在混合片段之前，通过渐变手柄进行的控制都是无法感觉到其作用的。现在，就让我们快速地进行一些操作，来体验一下。

我们的目的是为直升机启动、起飞、在空中制造一系列连续而自然的音频，因此要针对3个片段的音量进行调整。如你所见，在Mitch的采访片段中间，有一段直升飞机起飞的航拍片段，我们将会针对这一部分进行音频的混合调整。

1 第一个要修改的音量就是经过变速处理的DN_9457，将其音量向下调整5 dB。

2 针对起飞的片段DN_9463，拖动音频渐变控制手柄，制造一个淡入的效果。

3 将DN_9463的音量调整到-6 dB。

DN_9457的音量还有些大，这意味着你还需要调整一下展开的DN_9493的音频。

4 将DN_9493的音量提高3 dB，并请注意，在该片段的末尾，音频波形中出现了红色的波峰。

高音量数值在展开的音频片段的末尾造成了过高的波峰。在此，我们先标记一下这个问题。

5 将播放头放在DN_9493的上面，按两下【M】键设定一个标记，并打开"标记"窗口。

6 在"标记名称"文本框中输入Fix Audio Peak，并指定其为一个待办事项，然后单击"完成"按钮。

7 从项目开头审查影片效果，直到DN_9493的前面。

好，现在从开始到起飞部分的音频调整得不错！在完成混音的时候，我们会将音频波峰的问题解决好。现在，继续调整其他音频片段。

添加、引入和展开音频

在已经使用的片段中，GOPR1857中的机舱中隆隆的声音就很适合展开与其他片段共用。它后面的3个片段也都是机舱内的镜头，如果同时使用GoPro片段中的音频，那么就可以保持声音感觉的一致性。如果声音变化太多，那么就会使观众在聆听Mitch谈话的时候分散注意力。

1. 除了双击音频波形之外，你可以按住【Control】键单击GOPR1857，从弹出的快捷菜单中选择"展开音频/视频"命令，或者按【Control-S】组合键。

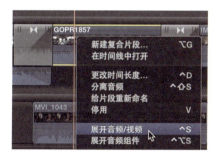

2. 在展开GoPro的音频后，将其结束点向右边拖动，超过最后一个片段1秒，并在结尾处添加一个淡出效果。

这个隆隆的声音为我们带来了一致的机舱环境的音频效果。从编辑形式上也可以被认为是一个L-cut。

下面接着处理3个航拍/阳光的故事情节。在航拍片段下需要配合音频片段，因为它们本身没有音频信息。但是DN_9420中展开的音频没有那么长，不能延展到这里。不过幸运的是，你可以利用GOPR0009中的音频，或者音乐与声音浏览器的iLife部分中还有两段可以使用的直升机音效。

3. 请针对3个航拍/阳光的故事情节中的片段按照你自己的喜好来编辑声效，如果需要调整音量和淡入淡出的渐变。请参考下图，作为编辑完成后的效果。

项目开头中的某些片段含有足够多的音频。DN_9454中还有一点点与影片无关的音频信息需要删除。

4   确认扫视功能是激活的，扫视DN_9454，监听一下音频的内容。

5   展开DN_9453的音频，并将其延展到DN_9454的下方，实现一个L-cut。

6   将DN_9454音频的音量降低到无限小，令其声音完全听不到。

在DN_9465中有同样的问题，这次可以借用DN_9470中的音频。

7   在机库门的故事情节中，将DN_9470的音频延展到DN_9465的下方。

8   将DN_9465音频的音量降低到无限小。

好，在项目Lifted Vignette中已经完成了单个片段与片段之间的音频调整。目前，每个片段都具有了音频信息，无论这些音频是它们本身具有的，还是从别的地方借用来的。其中我们通过展开编辑的方法将某些音频借用给了多个B-roll片段。

练习 7.2.2
音频音量的动态变化

到目前为止，每次调整音量的时候，都使片段的音量发生了一致的变化，要么升高，要么降低，音量在整个片段范围内都被改变了。但是在起飞的故事情节中，当我们把DN_9493的音频展开给其他两个航拍片段的时候碰到了问题。

通过检查DN_9493的音频波形就可以发现，这里红色的波峰表示音频音量太大了。这种视觉上的元素非常有助于剪辑师简单地看一下界面即可判断出音频的问题。在本例中，DN_9493音频开头部分的音量需要略微提高一点，以便与前面DN_9463的音量相一致。而DN_9493的最后部分显然需要降低音量，以解决过高的波峰问题。

我们可以通过关键帧在同一音频片段中实现多种不同音量的效果。使用选择工具和【Option】键则可以创建关键帧。

1. 观看一下DN_9493的音频波形的情况。

   在拍摄的时候，由于直升机离麦克风越来越近，所以音量也越来越高。通过音频波形也正好可以发现这个规律。

   下面，通过关键帧将音量调整得平均一些，并降低末尾处过高的音量。

2. 在Aerials_11_02a音频波形的部分，将选择工具放在转场中央下方的音量控制线上。

此时出现的音量读数为3 dB，同时光标变为上下两个小黑色箭头的形状。在这里将要放置第一个关键帧，令片段音量在这个位置被锁定在当前数值上。

3. 保持光标在转场中央的位置，并在淡入变化曲线右边一点的地方，按住【Option】键单击音量控制线。

好，这样就创建出了第一个关键帧。这个关键帧可以控制这个位置上的音频音量。如果希望音量发生动画性质的改变，那么至少需要两个关键帧。这两个关键帧之间的范围是音量可以被动画调整的区域。

4. 将选择工具放在Aerials_11_02a与Aerials_13_02a之间转场中央的下方，按【Option】键单击音量控制线，创建第二个关键帧。

关键帧的位置是可以被移动的，水平移动将会改变涉及的时间点，垂直移动则会改变音量数值。这里操作的目标是令片段中音量的大小比较平均。

5　如果第一个关键帧的音量数值为3 dB，那么第二个关键帧的数值可以调整为–5 dB。

该片段应该设定第3个关键帧，其位置在第3个转场的下方，以便降低直升机接近麦克风产生的高音量。

6　在第3个转场中央的下方创建第3个关键帧，并继续降低其音量数值。

这里的音量数值可以设定为–10 dB。在DN_9493末尾处，直升机低空从头顶略过，会听到特别大的声音。因此，我们要在采访片段开始之前，直升机从最高处飞过这段时间内添加两个关键帧。让直升机的声音迅速降低，而又不会显得特别突兀。此外，音频的音量还需要与后面直升机机舱的音频实现平滑的过渡。

7　首先在DN_9493的末尾添加两个关键帧，一个在直升机声音的最大音量处，另一个在采访谈话刚刚开始之后。

监听片段中直升机的声音与音乐结合后的状态，尤其注意它与Mitch的谈话声音相交的地方。

当直升机飞过最低点的时候，飞行的声音变大且尖锐，此时产生了多普勒效应，我们要将这部分多普勒效应降低音量。

8　将这两个关键帧处的音量数值设定为–10 dB和–25 dB，正好作用在多普勒效应之上。

9 如果需要,为片段音频增加一个淡入效果。

现在,你已经掌握了大量处理音频的技巧。关键帧可以改变一个音频片段内音量的分布情况,方便你处理片段与片段之间,以及上下片段重叠部分的混音。

读懂音频指示器

在对上下叠加的片段进行混音的时候,你需要在监听声音的同时通过视觉观看到实际的音量情况。音频指示器则可以准确地、实时地显示出正在播放的片段的音量。

1 如果需要,在工具栏中的Dashboard上单击小号的音频指示器,打开显示大号的音频指示器。

大号的音频指示器位于时间线的右侧,你可以再将它的面积扩大一些。

2 向左拖动音频指示器左边缘,令其显示界面变得更宽一些。

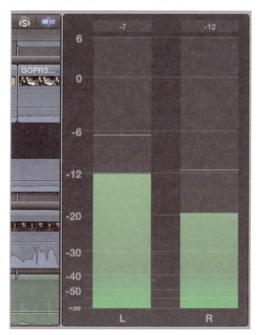

在音频混音中,我们是通过音频指示器来测量并判断音频的波峰的,其目的是保证波峰的音量低于0 dB。在混音中,你需要处理多种音频元素,包括声效、音乐、自然的声音和采访谈话等。它们在混合之后的音量不能超过0 dB的限制,并且要保持足够的动态范围(最低音量与最高音量之间的差距)。实际上,是观众在观看影片时所使用的音频播放系统决定了这个动态范围。

在电影院中的音响系统可以播放出非常微弱的曲别针掉落的声音,然后瞬间就继续播放出一声巨雷。为了保证观众能够感觉到音量上的差别,在混音的时候就要保证36 dB左右的动态范围。也就是说,如果最响的雷声是0 dB,那么微弱的声音就应该是–36 dB左右。这样动态范围需要相当高质量的音箱系统才能进行播出。

但是，并非所有的场合都能采用高端音箱系统来保证动态范围，比如智能手机。如果将36 dB动态范围的音频通过移动设备播放的话，那么用户必须要反复调整音量才行，因为多数移动设备和计算机的动态范围仅仅是12 dB。针对这样的设备，平均音量可以设定在–6 dB，最大音量为0 dB，最小音量是–12 dB，这样就匹配了12 dB的动态范围。如果最大音量是–6 dB，那么最小音量可以是–18 dB，同样可以获得–12 dB的动态范围。为了测试混音的播出效果，你需要在一个典型设备上进行试验，找到最能够满足观众需要的平均音量和动态范围。

改变通道配置

在将所有音频元素混合在一起的时候，需要解决一个小问题。Mitch的采访谈话是单独录制在不同通道中的，也就是说，一个通道中有声音（优先的），另外一个则可能是几乎没有或者没有声音（次级的）。这是专业音频工程师在录音时的常用做法，他会首先利用给一个通道进行录音。除非音源过于强烈，会出现过调制的问题，否则不会启用另外一个备用通道。通常，第一个通道的音频会是主要使用的音频，因为它比另外一个通道的信噪比要好（没有任何其他技术问题，比如电流的嗡嗡声和背景噪声）。在这里，Mitch的音频没有过调制的问题，所以你可以直接关闭第二个通道，并令第一个通道的音频同时在左右两个音箱中播出即可。首先，让我们选择Mitch的所有片段。

在时间线索引窗格中有多个不同方法可以选择这些采访片段（取决于是否准确而精细地为片段分配了元数据）：

▶ 使用标记索引，搜索带有intervier关键词的片段，然后选择列表中出现的所有片段。
▶ 使用片段索引，搜索名字中带有MVI字符的片段，然后选择列表中出现的所有片段。

NOTE ▶ *在时间线上按住【Shift】键单击采访片段是第3种方法。但是，假设你的纪录片中包含接近两个多小时的原始素材，那么通过元数据选择片段就是更简便的方法。*

1. 使用你喜欢的任何一种方法，选择项目中所有Mitch的采访片段。

2. 在音频检查器中找到位于最下方的"通道配置"选项区域。如果需要，双击"通道配置"横栏，展开其中的配置设置界面。

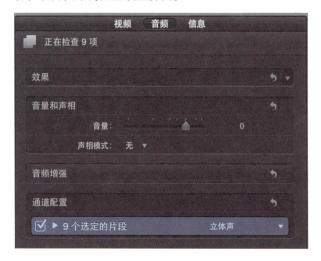

3. 在通道复选框旁边，单击三角图标，继续展开更多内容。

当前"通道配置"为"立体声"，通道1和通道2的信号被视为一个立体声对，而且连接在一起。

4. 在配置的下拉菜单中，目前选定的是"立体声"，请选择"双单声道"选项。

此时会显示出两个单声道的音频波形。

5. 取消选择第二个单声道，令其静音，使第一个通道成为唯一的采访谈话的音源。
6. 播放项目，请注意，Mitch的声音是从两个音箱中平均播放的。

好，在处理好Mitch的音频后，继续下面的混音工作。

通过角色设定音量

在了解了音频指示器的界面，以及有关动态范围和最大音量的技术细节后，我们可以开始对一组一组的片段进行混音了。在项目Lifted Vignette中有4组音频片段：对话、音乐、效果和自然声音。之前，我们已经将这些片段分配到了不同的角色上。现在，可以通过时间线索引窗格利用角色独奏某个组的片段。独奏某个角色有利于我们快速地检查这个组中的片段，找到有问题的地方，确保同一角色片段在音频上是一致的。

1. 如果需要，打开时间线索引窗格，单击"角色"选项卡。

在"角色"索引选项卡中显示了针对片段分配的角色。你可以取消对某个角色的勾选，直接将该角色的片段全部静音。

2 取消选择除了"对白"之外的所有其他角色,将它们静音。

你可以发现某些自然声音的片段还没有被分配正确的角色。

3 如果需要,在时间线上选择任何没有被分配,或者角色分配错误的片段,然后在信息检查器中为它们的视频和音频分配正确的角色。

通过角色索引的设置令对话独奏后,就可以专注在音频指示器上,仔细检查对话的音量变化了。当前片段的音量已经比较理想了,平均音量在–12 dB左右,最高音量没有超过–6 dB。这样在稍后加入音乐和声效的时候,我们就拥有6 dB的余量。

4 播放项目,注意任何超过–6 dB的谈话,或者提高任何没有达到–12 dB的音频部分。

几乎每个采访片段都需要提高4 dB的音量。在确保谈话的音量都一致后,可以重新激活其他角色。

5 返回时间线索引的"角色"选项卡中,激活所有的角色。

在完成采访片段的音量调整后,就可以进行将它们与声效、自然的声音和音乐混合在一起的工作了。

放置声效和音乐

在项目中,音乐片段与采访片段和B-roll片段的音频交织在一起,其中某些部分,需要提高音乐的分量,强化其重要性。此外,也不能在项目中留下某些音乐空白,导致节奏中断。在本次练习中,你将使用关键帧和范围选择工具处理音乐片段中的不同部分。

1 如果需要,调整时间线视图的比例和显示区域,显示出项目最开始的部分。

以下工作都将重点放在音频编辑上,所以我们先把时间线设定为仅仅显示音频波形的视图模式。

2 单击"片段外观"按钮,再单击左边第一个按钮。

NOTE ▶ 这个"片段外观"按钮的键盘快捷键是【Control-Option-1】。按快捷键【Control-Option-向下箭头键】可以向右逐个选择不同的按钮,逐渐减小波形的尺寸。按快捷键【Control-Option-向上箭头键】则从右向左逐个选择,慢慢增加波形的尺寸。

让我们从Motor 4开始进行编辑。声效应该在开头部分比较强烈,然后随着采访对话和音乐的开始而逐渐弱化。你可以将声效放在音乐片段的下方。

3. 在Motor 4中创建两个关键帧：第一个在音乐开始前1.5秒的位置，第二个则在DN_9390的开始点的位置。

4. 如果需要，将第一个关键帧处的音量降低-8 dB。

   第二个关键帧处的音量取决于音乐片段的音量。当前音乐音量在-11 dB左右，稍后还需要略微降低一些。

5. 将Motor 4的第二个关键帧处的音量设定为-21 dB或者更低。

Motor 4的音频位于音乐开始的部分，为了让马达声效逐渐与音乐融合过渡，需要增加一个淡出的控制，以便观众注意到马达声音突然停止的问题。

6. 将结束点上的渐变控制手柄向左拖动，与采访片段的开始点对齐。

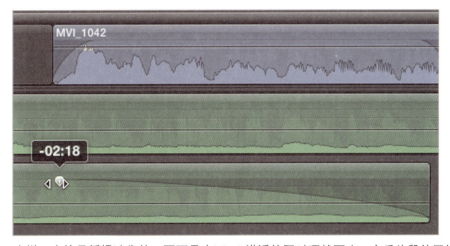

这样，声效是缓慢消失的，而不是在Mitch讲话的同时嘎然而止。音乐片段的开始部分仍然比较弱，它需要有一种比较富有激情的感觉，以便配合Mitch开始讲话的部分。

7 在音乐片段中添加两个关键帧：第一个在采访谈话开始的前面，另外一个在采访谈话开始后1.5秒的位置上。将两个关键帧处的音量分别设定为–4 dB和–10 dB，这样在Mitch讲话前，音乐比较强烈，随着讲话的开始，音乐音量逐渐降低一些。

关键帧的作用不仅仅限于降低某个片段下方的音频音量，随着影片的进行，也经常需要提高音量。在Mitch的谈话中，开始部分他的声音比较洪亮，随后就逐渐减弱了。因此，我们需要将后面部分的音量提高一些。

8 在MVI_1042中，当Mitch说"something"的时候设定第一个关键帧，在片段的中部设定第二个关键帧。

9 根据音频波形的情况，将第二个关键帧拉高到9 dB附近，令波形的高度基本一致。

这样就可以使Mitch讲话的音量比较一致了。

重新播放项目，监听一下修改后的效果。在比较强烈的声效之后是背景音乐，接着是Mitch讲话的声音。音频混音的目标是避免某些音频元素过于突兀，但也要防止它们过于微弱。你可能需要多次水平或垂直地拖动关键帧的位置，以便找到最适合的时间点与音量数值。

在制作关键帧的时候使用范围选择

随着影片镜头的不断变换，当直升机起飞后，音频部分的重点应该回到音乐上，同时听到来自DN_9457的声效。因此，如果需要，你应该适当地调整一下音乐和声效的音量。

为了令音乐在采访谈话的空隙之间提高音量，除了分别在一个片段的头尾各增加两个新的关键帧之外，我们可以使用范围选择工具，然后直接完成这4个关键帧的制作。

1 从工具栏上的弹出菜单中选择范围选择工具，或者按【R】键。

2 使用范围选择工具在音乐片段中拖出一个范围，从采访片段MVI_1055结束点之前一点的位置一直到MVI_1043开始后一点的位置。

通过范围选择工具，我们定义了调整音量数值操作所施加的范围。

3 将范围内的音量控制线向上拖动2 dB，提高范围内的音频音量。

此时，软件会自动设定4个关键帧，以便在选择范围的开始和结尾处分别制作逐渐提高音量和逐渐降低音量的效果。

4 单击时间线上灰色的部分，清除选择范围。按【A】键返回到选择工具上。

接下来的工作是调整这4个关键帧的音量（垂直拖动）和时间点（水平拖动）。片段MVI_1043开始部分有一段直升机低空飞行的画面，这是调整关键帧的好机会。当音乐遇到直升机声音的时候，就可以实现一种平滑的过渡了。

5 调整这两对关键帧，如果需要，根据以下问题来判断调整的效果：
- 在时间线上00:28的位置，关键帧的设定是否令音乐第一节拍的感觉足够强烈？
- 当直升机飞过的时候，音乐的音量是否能够确保混音后的音量低于−6 dB？
- 你是否利用了直升机低空飞过的声音，巧妙地掩饰了背景音乐的降低？

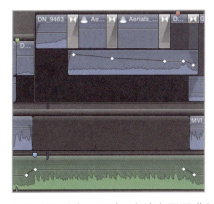

6 针对音乐片段，还有4个地方需要进行编辑。前3个分别如下：
- 在接近湖边的片段下提高音乐片段的音量，在MVI_1045下降低音乐片段的音量。你可以使用范围选择工具完成这个操作。
- 在阳光穿过窗户的片段下调整音乐的音量。
- 使用选择工具，在音乐片段的结尾提高音乐音量，然后制作淡出的效果。

最后一个编辑是在片段MVI_1044的下方。音乐片段中的演奏在这个采访片段下方逐渐进入高潮，当阳光穿过窗户的时候达到了顶点，同时，Mitch和其他音频则逐渐减弱。

7 在激活扫视功能的前提下（选择"显示 > 片段浏览"命令），扫视音乐片段，在音乐片段1:01时间码和1:05时间码的位置上创建关键帧。

这里是演奏声音逐渐增强的地方。让我们降低一点音量，以便还能够听清楚Mitch讲话的声音。

8 使用选择工具将1:05处关键帧之后的音量降低−4 dB。

这样，音量会先降低一点，然后再逐渐提高。

9 如果需要，将在直升机镜头DN_9503下的音乐音量降低一些。

好，现在已经完成了多个音频混音的工作。你可以再选择其他两三个音频内容叠加的位置，播放影片，监听音乐、采访谈话、自然声音和声效的混音和配合的效果。评估它们是否没有互相影响，以及是否统一地伴随着故事的展开而自然地出现。对音量控制进行动画处理最少需要两个关键帧，如果需要，你也可以增加多个关键帧。

实际上，你应该花费至少与视频剪辑一样多的时间进行音频剪辑。在本书中，音频的剪辑工作并非是从本课才开始的。在第3课中，当你第一次选择采访片段的时候，已经开始考虑音频的问题了。虽然说画面精彩是非常重要的，但是精细的音频处理则可以为你的影片带来"完成"与"精彩"的巨大区别。

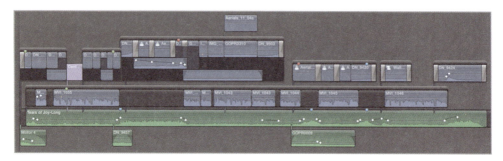

参考 7.3
了解音频增强

Final Cut Pro中包含音频增强的功能，可以用于修复在录制音频过程中出现的问题。如果在录制的过程中采取了正确的方法，那么这些功能就没有存在的必要了。但是，完美的录音经常是不可能的。

- ▶ 响度：它会分析一个片段的音量是否过低。在修复音频的时候，会提高音量，并同时保证不会出现过调制或者是波峰问题。其中，"数量" 参数的作用是在平均"一致性"参数的最弱音频和最强音频后，控制对信号进行多大程度的增益。

- ▶ 背景降噪：识别并消除片段中存在的持续的噪声（比如空调声、交通工具的隆隆声）。

- ▶ 嗡嗡声消除：识别音频信号中的电子噪声。选择对应的交流电频率后，Final Cut Pro会移除嗡嗡声。在美国，交流电的标准是110V、60 Hz。

在打开音频增强窗格以后,任何被选择的片段或者正处在播放头下方的片段都会被自动分析。如果发现了严重的问题,就会在界面上以一个小图标的表示出来,比如上面背景降噪界面中的叹号图标。你可以单击每个修复功能前面的复选框,监听检查没有经过修复与经过修复后的音频效果。

如果察觉到了轻微或中等程度的问题,那么分析功能也会在音频增强窗格中进行标记。此时不会自动启用修复,而是交由你自己判断后做出相应的操作。

参考 7.4
修复图像

一个剪辑师的梦想就是用于剪辑的所有片段都具有正确的白平衡,但这个梦想在现实中总是难以实现的。正是这个原因,Final Cut Pro中的颜色调整工具有了用武之地。现实世界中有着太多不同的拍摄现场,从最简单的GoPro和iPhone拍摄的高清片段,到DSLR、ARRI和RED拍摄的素材都不可能具有一致的色调。素材来源的多样性与最终影片颜色的一致性的矛盾,令剪辑师不得不熟悉颜色调整的功能。

那么,什么是最常见的需要调整颜色的情况呢?在拍摄当日,摄像机已经经过了正确的白平衡设置,随着时间的推移,光线色温逐渐发生了变化。当日晚些时候拍摄的片段就会出现偏色问题。在Final Cut Pro中的自动白平衡功能就是颜色调整工具之一,它可以优化不自然的色调和亮度。

自动白平衡会消除图像中任何被侦测到的色偏,创造出颜色正常的图像。Final Cut Pro力图实现一种非常干净的图像,其中最黑的黑色与最亮的白色都不具有任何偏色问题。自动白平衡也会尽量扩大图像的对比度。这个功能有两个子功能:未分析和已分析。

▶ 未分析:自动白平衡会根据播放头当前指向的帧画面进行画面修复。
▶ 已分析:自动白平衡会根据整个片段所有帧画面的情况进行画面修复。

在导入过程中即可对一个片段或者多个片段进行分析,也可以在剪辑过程中,甚至即将结束剪辑的时候进行分析。在下一个练习中,你将启用自动白平衡功能,还将使用更多时间来学习手动调整颜色的方法。

练习 7.4.1
平衡片段的颜色

当前的项目是非常典型的一种情况。某些镜头拍摄得很不错,而有些镜头则需要一些修正。首先进行调整的片段是DN_9287,通过操作,你将会了解到自动白平衡与手动调整白平衡之间的区别。

自动白平衡

首先,我们看一下自动白平衡的操作。

1 在事件Primary Media中选择DN_9287,如果需要,打开视频检查器。

在选择了浏览器中的片段后,视频检查器将会显示出一个可调整参数的列表。其中,在"颜色"选项下就有一个"平衡"选项。此时,"平衡"的状态显示为"未分析",因为在导入过程中没有对该片段进行过分析。这个状态不影响后续的操作,因为针对未分析的片段也可以进行色彩平衡的调整。

NOTE ▶ 你可以选择"修改 > 分析并修正"命令，对片段进行分析。

2 令播放头位于该片段上，在视频检查器的"颜色"选项卡中，选中"平衡"复选框。

此时，Final Cut Pro会分析播放头指向的帧画面，并应用一个颜色调整，优化图像的对比度，移除任何侦测到的偏色。由于整个片段并没有被预先分析过，所以调整会根据当前帧画面进行。这为稍后进行手动调整显示了很好的参考效果。从学习的角度考虑，让我们取消自动平衡的选择，进入手动调整的操作。

3 取消选中"平衡"复选框，恢复片段原始的状态。

手动调整片段的曝光

只有片段被剪辑到项目中后，才能控制颜色调整参数。为了避免混乱，请你创建一个新的项目，专门来测试针对DN_9287的颜色调整。

1 在Lifted library中，按住【Control】键单击Primary Media，从弹出的快捷菜单中选择"新建项目"命令。

2 将项目命名为Color Test，并使用自动设置。将DN_9287追加编辑到项目Color Test中。将播放头放在该片段上。

当片段处在项目中后，你就可以对其应用手动颜色调整，调整它的对比度和色调了。在默认情况下，每个视频片段在视频检查器的"颜色"选项下都会有一个"修正1"选项。

3 在视频检查器中，单击"修正1"右边的"显示修正"按钮，打开颜色调整窗格。

在进行具体的调整操作之前，你首先要明确的是人的眼睛和大脑会在调整颜色的时候欺骗自己。除非是一位经过严格训练的调色师，否则你将会倾向于进行过度的颜色调整。为了令你能够客观地判断图像的颜色，Final Cut Pro提供了视频观测仪，它可以客观地表达出颜色调整的程度。

4 在检视器中单击检视器显示选项按钮，从弹出的下拉列表中选择"显示视频观测仪"选项，或者按【Command-7】组合键。

视频观测仪的窗格出现在检视器的左边。让我们重新安排一下屏幕上半部的界面，令后续的操作更加容易进行。

5 选择"窗口 > 隐藏浏览器"命令。

资源库与浏览器窗格隐藏了。目前，显示在最左边的是第一种视频观测仪直方图，中间是检视器，右边则是视频观测仪。在进行颜色调整或者调色的时候，首先要进行调整的应该是对比度。通过波形可以更好地观察对比度的情况。

6 从"设置"下拉菜单中选择"波形"命令。接着，从同样的菜单中选择"RGB列示图"命令。

波形观测仪显示了红、绿和蓝3个通道中每个通道的亮度信息。尽管在界面上可以看到波形是带有颜色的，但实际上波形仅仅表达了3个通道的灰度。波形和列示图这种观测仪的模式很适合调整图像中的对比度，或者根据最暗和最亮的像素情况消除偏色的操作。调整对比度的第一步是在检查器中打开曝光的控制界面。

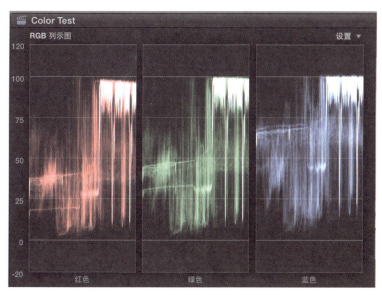

7 单击"曝光"按钮，打开曝光窗格。

在曝光窗格中的调整参数仅会影响到图像中像素的亮度数值。这里有4个可以调整的圆球，它们分别会控制图像中不同的亮度范围。

像素亮度的曝光控制

控制	0 ~ 100	0 ~ 70	30 ~ 70	30 ~ 100
全局	X			
阴影		X		
中间调			X	
高光				X

每个控制圆球所涉及的灰度范围都与其他圆球有重叠的部分，这样就可以更加自然地实现灰度的变化，而不会出现突然改变的问题。灰度区域的重叠也意味着当调整了一个圆球后，可能会需要再调整另外一个圆球，以便抵消对重叠部分的影响。

比如，"全局"控制圆球会影响图像中每个像素的亮度。如果为一个相对比较暗的图像提高亮度，那么向上拖动"全局"圆球即可。但是，这可能会令图像中高光区域的亮度值超过100。修正这个问题的方法就是再将"高光"控制圆球向下拖动一些，令波形中所有像素的亮度都位于100下方。

在观察波形的RGB列示图时，也要注意不能令最低的亮度小于0。此时，相对于蓝色通道，红色和绿色通道的波形更加相似。当画面上出现一个黑色物体的时候，比如直升机，所有3个通道的像素都会接近0。

8 将播放头对准画面中直升机仍然在地面上的时刻，将"阴影"圆球向下拖动，并注意要让波形中最低的部位接近0。

此时，蓝色通道的波形仍然在0的上方。观看一下检视器，可以发觉直升机的暗部有一点点偏蓝。这也正好与观测仪的信息互相印证无误。调整曝光只能改变像素的亮度，它更适于调整对比度，而无法消除这个偏色的问题。那么，可以将直升机黑像素部分的亮度值设置为零来解决这个问题。

9 在曝光窗格中将"阴影"圆球向下拖到–2%左右。

NOTE ▶ 在圆球所在方格下方可以看到"阴影"圆球的数值。

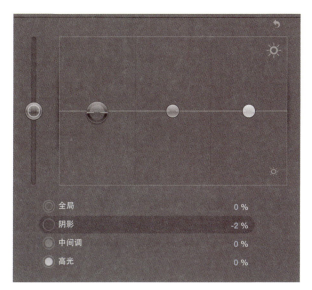

10 为了消除暗部的蓝色偏色，我们从颜色调整界面切换到颜色窗格中。

与曝光窗格类似，在颜色窗格中也具有"全局"、"阴影"、"中间调"和"高光"4个圆球。这4个圆球位于一个光谱的方格之上。方格上半部是带有+号的，表示增加数值的含义。方格下半部是带有斜纹和−号的，表示减少数值的含义。为了从图像的暗部消除蓝色的偏色，你可以将阴影圆球向下拖到光谱的蓝色区域中。

针对颜色或者色相的视频观测仪是矢量显示器，该观测仪仅仅测量和显示图像中的颜色信息。

11 在"设置"下拉菜单中选择"矢量显示器"命令。

如果一幅图像完全没有偏色的问题，那么在观测仪中看到的所有代表像素信息的点都会集中在中央，这个位置代表白色。由于视频是一种加色系统，所有颜色在其最大色度数值进行叠加后会得到白色，最小的数值叠加则会得到黑色。

矢量显示器以360度的圆环来表示不同的色相，从圆环中央向外圈延展的轴表示色相的饱和度。也就是说，离圆环中央越近的点的饱和度越低，越接近圆环外圈边缘的点的饱和度越高。

▶ 为什么使用颜色方格，而不是色轮？

使用颜色方格来代表色轮的方式很类似于使用一张平面的地图代表地球的方式。在颜色方格中，色轮中360度的颜色是从左到右展开的，从中央向上代表颜色的饱和度。因此，用户不需要预先了解色彩理论，仅仅观看颜色方块界面，就能正确地将圆球向上部的蓝色中拖动以求增加蓝色，或者向下部的蓝色拖动以求减少蓝色。在用户操作时候，Final Cut Pro会添加黄色（蓝色的补色），以便减少图像中偏蓝的问题。

手动调整片段色彩

在了解了界面信息后，下面将要对DN_9287进行一些颜色调整的操作。

NOTE ▶ 在专业领域，严肃的调色工作需要一种经过校正的工作环境（包括墙壁颜色和灯光）、专用的硬件设备（显示器、颜色配置文件和外接监视器），以及一双经过训练的眼睛。由于你可能不具备上述全部条件，因此在下面的练习中可能会获得略微不同的效果。

1 观看DN_9287的矢量显示器，注意代表像素颜色的点偏向于矢量显示器右侧的蓝色。

如果你已经在画面上看到了图像是偏蓝的，那么通过矢量显示器则可以验证你的判断。

2 将"全局"圆球向下拖到蓝色区域中，以便消除蓝色。在操作的同时，请注意观察检视器中的画面与矢量显示器中的变化。

软件在图像中添加了一些黄色,这样就可以消除一些蓝色。针对整个图像的调整显得略微过了头,下面让我们使用3个单独的圆球重新进行一下调整。

3 在颜色调整界面,单击方格右上角的"还原"按钮。

4 首先将"阴影"圆球向下方的蓝色中拖动,消除直升机暗部中的蓝色。请注意不要使暗部出现过多的黄色。

5 继续调整"中间调"和"高光"两个圆球的位置。由于3个圆球之间有重叠的区域,所以在调整完一个之后,另一个圆球可能需要再次进行调整。

调色是一种艺术创作,不同颜色的不同调整会为观众带来各种不同的感受。你可以尽情尝试多种调整方案,尝试多种4个圆球不同位置的组合。如果需要,单击"还原"按钮重新调整即可。

练习 7.4.2
匹配颜色

为了在不同片段之间维持一致的画面感觉,剪辑师需要使不同片段具有相同的色彩特征。在Final Cut Pro中是依靠匹配颜色来满足这个要求的。你可以将时间线上的、浏览器中的某个片段或者静止图像的视觉参数复制给另外一个片段,使它们具有一致的色彩感觉。在项目Lifted Vignette中,我们将使用这个匹配颜色的功能,将一个片段的色彩复制给另外一个片段。

1 如果需要,单击颜色调整窗格左上角的小于号按钮,返回到上一级界面。

首先,需要选择一个目标片段,这个片段是我们希望修改颜色的。

2 按住【Option】键单击复合片段,这样在选择该片段的同时就可以将播放头也对准该片段。

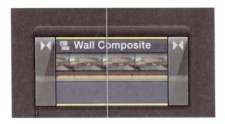

3 在视频检查器中的"匹配颜色"选项右侧,单击"选择"按钮。

这时,检视器会分成左右两个画面,右边是被选择的希望调整颜色的片段,左边则是源片段——你希望将源片段的颜色特征复制到右边的目标片段上。在观察双画面的同时,你可以在浏览器中扫视某个片段,或者是时间线上的某个片段。在该片段上单击一下,表示确认看到的画面,该画面的颜色特征就会复制给目标片段。

4 扫视阳光穿过窗户的片段,预览其画面。单击一下,指定一个源帧画面。

在检视器的双画面中,片段Wall Composite作为目标片段,也会更新其画面,显示出得到颜色特征后的效果。

5 如果希望使用另外一个帧画面,或者完全不同的另外一个片段,那么只要扫视一下,再次单击,即可指定新的源帧画面。当你觉得效果满意后,单击"应用匹配项"按钮。

6 在时间线上播放片段Wall Composite，观看匹配颜色后的效果。
7 针对最后一个片段DN_9424进行同样的匹配颜色的操作。

好，仅仅经过几个简单的单击操作，我们就将多个片段的颜色变得一致了。

在本课的开始，你添加了下三分之一字幕。之后，仔细地调整了音频混音的细节。最后，尝试了很多颜色调整的功能，包括控制白平衡和匹配颜色。在下一课中，我们将会把剪辑好的影片共享给朋友们。

课程回顾

1. 在项目中双击一个字幕会发生什么？
2. 在检视器中，如果希望退出当前的字符输入状态，可以按哪个按键？
3. 什么类型的音频片段可以在子帧的级别进行修剪？
4. 使用选择工具来创建音频关键帧的时候应该按住哪个按键？
5. 在时间线上将视频和音频分开修剪且不会导致失去同步的方法是什么？
6. 禁止音频扫视的方法是什么？
7. 如何将片段的音频通道从立体声转变为双通道？
8. 参考下图中时间线的界面情况。在这里，部分音频片段是静音的，如何能听到并操控所有的音频片段？

9. 什么工具用于同时在音频片段上建立4个关键帧？
10. 在颜色平衡处理中，未分析与已分析之间有什么区别？
11. 哪个视频观测仪会测量整个图像的亮度？
12. 在检视器显示的画面中，高光部分有些偏蓝。你应该怎么消除这种偏色？

答案

1. 该字幕片段会被选择，播放头会对准字符能够显示在画面上的那一帧，文本中的第一行字符会被选中，以便直接输入新的字符。
2. 按【Esc】键。
3. 一个仅仅含有音频的片段、连接片段，或者已经展开音频/视频的片段。
4. 【Option】键。
5. 展开"音频/视频"选项。
6. 在工具栏上单击"关闭音频浏览"按钮。
7. 选择该片段，在音频检查器中调整颜色配置选项下的参数。
8. 在时间线索引窗格中查看角色被启用或者被禁用的情况。
9. 范围选择。
10. 在针对未分析的片段进行颜色平衡处理的时候，运算的基础是当前播放头所对准的帧画面。如果是已分析的片段，那么运算的基础是对整个片段的平均色调。
11. 波形。
12. 在颜色窗格中，将"高光"圆球向上拖到黄色区域，或者向下拖到蓝色区域。

第8课
共享一个项目

在Final Cut Pro的前两个工作阶段——导入和剪辑——完成之后,我们进入了最后一个阶段——共享。所有的剪辑工作必须导出为某种形式的文件后才能被观众观赏,无论是某个朋友,还是几百个剧场观众,或者是成千上万的网友。影片只有在屏幕上播放后,才能被评价为艺术。

在第4课中,你导出了一个兼容于iOS设备的文件,它可以在各种流行的操作系统和网络平台上播放。在本课中,你将尝试多个不同的导出选项。体验用于批量导出的转码软件Compressor,了解与第三方软件协作时需要使用的数据交换格式。

学习目标

▶ 导出一个媒体文件
▶ 将媒体发布到一个在线服务器上
▶ 通过捆绑包为多种平台创建一组文件
▶ 理解XML工作流程
▶ 辨别两种Compressor导出选项

参考 8.1
创建用于观赏的文件

从Final Cut Pro中共享文件,也可以称为导出文件。如果是将媒体文件发布为一个很常见的格式,那么其过程就会非常简单。目的位置是根据发布影片的平台命名的一种预置参数。比如,如果需要将影片在YouTube上发布,那么就可以选择名称为YouTube的目的位置。如果需要将影片导出为一系列JPEG或者PNG图像文件,那么就可以选择名称为图像序列的目的位置。

共享菜单中默认的目的位置

无论你选择了什么平台,你可以通过兼容性菜单检查到底哪些设备能够播放这个影片文件。

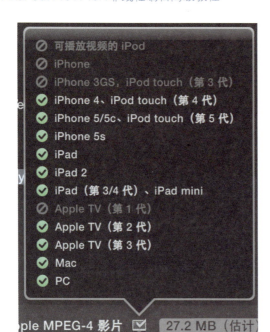

如果现有的目的位置还不能满足需求,那么你也可以在集成的Compressor中创建定制的目的位置。

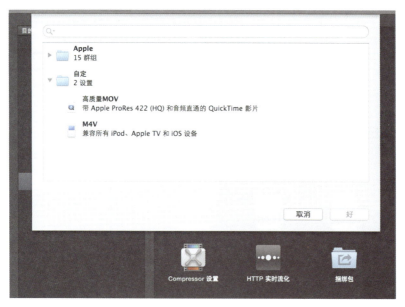

在本课中你将专注于直接发布影片到网络服务器的方法上,还要学习如何创建高质量的原版影片文件。

练习 8.1.1
共享到网络服务器上

Final Cut Pro已经包含若干在线视频服务器的目的位置,包括CNN iReport、Facebook、土豆、Vimeo、优酷和YouTube。每个视频服务都需要你在Final Cut Pro中输入相对应的用户账户信息,之后就可以自动转码、添加元数据和上传到服务器了。因为所有的目的位置都具有非常类似的参数项目，所以在本次练习中我们就选择其中一个进行，将你的影片发布到Vimeo上。

1. 在项目Lifted Vignette中，按下【Command-Shift-A】组合键取消对任何项目的选择，并清空所有标记出来的选择范围。

   在后续操作之前，务必要执行这个命令。如果有任何范围被选择，那么Final Cut Pro都仅仅会共享这个范围内的影片，而不是整个时间线上的影片。

2. 在工具栏中单击"共享"按钮。

这时会弹出目的位置列表。

NOTE ▶ 在目的位置列表上方的名称要么是共享项目，表示你将共享一个项目，要么是共享片段所选部分，表示你将共享一个选择范围内的影片。

3. 从目的位置列表中选择Vimeo。

在共享窗口中有4个主要元素：支持扫视的预览区域，通过它可以验证导出的内容；信息和设置窗格；以及显示了导出文件设置的大致信息的文件检查器。

在信息窗格中显示了将会嵌入到文件中的元数据。如果可能，这些元数据将会植入到Vimeo文件的相应部分。

4. 在共享项目Lifted Vignette之前，先设定如下元数据信息：
   - 标题：Lifted Vignette。
   - 描述：A helicopter pilot and cinematographer describes his passion for shar- ing aerial cinematography。
   - 创建者：[你的名字]。
   - 标记：aerial cinematography，helicopters，aviation。

NOTE ▶ 每个标记之间使用逗号进行分隔。

5 在输入元数据信息后,单击"设置"选项卡,在这里可以修改导出的参数。

你需要先单击"登录"按钮,使用一个用户账户登录Viemo。

NOTE ▶ 基于安全的考虑,请勿在公共计算机上输入你的个人登录信息。

6 输入账户登录信息。

已经预先设定好的参数适合大多数上传的需求,当然,你也可以根据需要进行调整。此外,每次在上传之前,你都应该在窗口下部验证一下即将导出的文件的摘要信息。

7 如果不希望上传当前的项目,那么就单击"取消"按钮。如果确定要上传,那么就单击"下一步"按钮。

NOTE ▶ 在上传的时候会弹出相应的在线视频服务平台的服务条款,如果希望继续,那么就单击"发布"按钮。

在共享的过程中,"后台任务"按钮会亮起来,表示正在进行运算。单击该按钮则可以打开后台任务窗口,可以观看到更详细的信息。

在完成共享之后（文件已经上传到目的位置），在计算机界面上会出现一个通知。单击提示框中的"访问"按钮，则可以直接跳转到在线视频上。

此外，还有另外一个方法可以查看这个在线视频，并检查它是什么时候发布的，以及发布在什么地方了。在浏览器中选择项目，使用键盘快捷键可以快速打开它的共享信息。

8 确保激活了时间线，并显示了该项目，选择"文件 > 在浏览器中显示项目"命令，或者按【Option-Shift-F】组合键。

在浏览器中会展开包含该项目的事件，并同时选择该项目。在检查器窗格中会显示被选择项目的信息。

在检查器窗格中包含两个部分：信息和共享。在"信息"选项卡中显示了项目的元数据，比如创建项目的时间、项目的位置，以及它所属的事件和资源库。在"共享"选项卡中，你可以编辑在共享中已经包含的属性信息，还包括一个共享影片的日志。

9 单击"共享"选项卡，打开"共享"选项卡。

在检查器窗格中，当项目已经完成发布后，就会在属性信息下方显示一个它已经发布的信息。单击其右侧的三角按钮可以看到更多选项。

在线发布视频的方法的确非常简单。如果你希望在某个特殊的网站共享视频，但是并没有被包含在Final Cut Pro的目的位置中，假设该网站支持H.264（AVCHD）的格式，那么你可以选择Apple 720p或者1080p的目的位置，导出影片文件后，再单独上传。

练习 8.1.2
通过捆绑包发布一组文件

如果你需要将影片共享给某个企业客户，该客户需要在多种不同的在线视频服务中发布影片的时候，那么你可以将多个目的位置添加到一个捆绑包。之后，仅仅通过这个捆绑包即可发布多个文件。

1 在Final Cut Pro菜单中选择"偏好设置"命令。

2 在偏好设置窗口中选择"目的位置"设置。

如果需要，你可以从创建定制的目的位置开始进行操作。这需要你单独从目的位置列表中拖到不同的目的位置，选择每个目的位置，分别调整它们的参数。

你也可以重新排布目的位置的前后顺序并重新命名。在捆绑包中的目的位置都设定完毕后，就可以创建该捆绑包了。

3 将捆绑包拖到左侧的列表中，自由选择它在列表中的上下顺序。

4 从目的位置列表中将需要的预置项目拖到捆绑包中。

5 单击捆绑包左边的三角按钮，展开其内容。

也许你会创建多个捆绑包，因此，给予每个捆绑包一个特殊的名字将有助于日后的管理。

6 单击捆绑包的名称，输入Social Sites for Lifted。

7 关闭偏好设置窗口。

好，下面让我们选择捆绑包Social Sites for Lifted，看看在共享窗口中可用的选项。

8 确认激活了时间线窗格，从共享菜单中选择捆绑包Social Sites for Lifted。

在共享窗口中的情况与之前的基本一致，唯一的区别是在第一个在线视频网站名称的左边会有左右箭头方式的导航按钮。

9 单击右箭头按钮，逐个检查不同的在线视频网站的信息。在这里可以验证影片的描述信息、标签和不同目的网站的隐私与分类设置。

10 单击"取消"按钮。

如你所见，在Final Cut Pro中可以剪辑一个项目，然后通过共享命令定制目的位置，轻松地将影片发布到多个不同的网站上。

练习 8.1.3
共享一个母版文件

在制作了用于发布的影片文件之后，或者在此之前，你就应该针对项目制作一个母版文件。它是项目经过剪辑后的最终版本的一个高质量影片文件，可以用于备份和存档。虽然母版文件不适合共享给不同的人观看，但是可以将它快速地转码为其他格式的影片文件。目前，H.264是一种非常适合在互联网上传播的编码。无论需要哪种格式，只要Compressor支持该格式，你就可以轻松地将母版文件直接发送给Compressor进行转码，而此时你完全不需要启动Final Cut Pro。

1 确保项目Lifted Vignette是打开的，按【Command-Shift-A】组合键清除任何对片段的选择或者选择范围。

2　在工具栏中单击"共享"按钮。
3　从目的位置列表中选择"母版文件"选项。

NOTE ▶ 如果之前将模版文件放到了一个捆绑包中，那么在菜单栏中选择"Final Cut Pro > 偏好设置"命令，再次打开目的位置窗口。按住【Control】键单击边栏，选择"恢复默认目的位置"命令。

在共享窗口中包含"信息"和"设置"选项卡，窗口下方还显示了影片的摘要信息。

4　设定如下元数据信息：
　▶ 标题：Lifted Vignette。
　▶ 描述：A helicopter pilot and cinematographer describes his passion for sharing aerial cinematography。
　▶ 创建者：[你的名字]。
　▶ 标签：aerial cinematography，helicopters，aviation。

5　在输入完元数据信息后，单击"设置"选项卡，检查文件发布的选项。

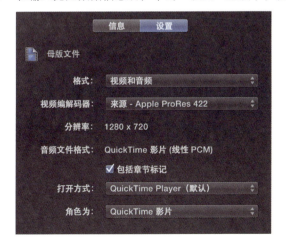

在默认情况下，高质量的影片文件的编码是Apple ProRes 422。同时，Apple ProRes 422也是默认的渲染格式，它比多数高清编码的质量都会高一些。因此，在视频编码中直接保留来源——Apple ProRes 422的选择。如果你需要一个压缩得很少的编码，那么可以使用Apple ProRes 422（HQ）、Apple ProRes 4444或者未压缩的编码。但是要知道，这样的编码的模版文件会非常大。

在与第三方的音频专家协同工作的时候，他们肯能会要求你将音频元素单独导出成不同的文件。比如，一个音频文件是采访讲话，另外一个音频文件是B-roll片段的音频内容。使用角色的功能可以快速地完成这样的任务。

6 打开"角色为"弹出菜单。

在针对音频的后期制作导出影片的时候，一般可以使用多轨道QuickTime影片或者单独的文件。这两个选项的作用是一样的，区别是音频是否会被嵌入到QuickTime文件中。

7 从"角色为"弹出菜单中选择"多轨道QuickTime影片"选项。

这时会显示出所有的角色和子角色。

8 打开"视频，字幕"下拉列表，查看其中的子角色。
9 将光标移动到"对白"角色上，在其右侧会显示出减号按钮。

你可以添加或者移除角色，改变将包含在QuickTime文件中的轨道的数量。

10 打开"立体声"下拉列表。

每个音频角色都可以设定为"单声道"、"立体声"或者是"环绕声"。

11 从"角色为"弹出菜单中选择"多轨道QuickTime影片"选项，还原为默认的格式。

12 单击"下一步"按钮。

13 在"存储"对话框中将文件命名为Lifted Vignette。按【Command-D】组合键将"桌面"指定为存储位置，单击"存储"按钮。

在共享完成后，影片文件会在QuickTime Player中直接打开。这是根据"共享"窗口中打开方式的设定进行的。现在，你就拥有了一个较大的高质量影片文件了。

参考 8.2
创建一个交换格式文件

Final Cut Pro可以通过XML格式文件与一些第三方软件交换数据。XML（扩展标记语言）令其他软件可以读写Final Cut Pro的事件或项目的数据。这些数据包括哪些片段包含在事件中、哪些片段被剪辑在了项目中，以及它们的元数据。可以读写Final Cut Pro的XML文件的第三方软件，包括Blackmagic Design公司的DaVinci Resolve、Intelligent Assistance的多种软件和Marquis Broadcast的X2Pro。

> **NOTE ▶** 在与第三方软件结合使用XML文件的时候，请检查每个第三方软件的具体需求，以及对XML格式的要求。

▶ 导出一个事件XML文件：选择该事件，在菜单栏上选择"文件 > 导出事件XML"命令。

▶ 导出一个项目XML文件：选择该项目，在菜单栏上选择"文件 > 导出项目XML"命令。

在导出的时候可以设定将什么样的元数据包含在XML文件中。

▶ 导入一个XML文件：在菜单栏上选择"文件 > 导入 > XML"命令。

导入的时候必须指定一个接收数据的资源库。

参考 8.3
利用Compressor

如果在Compressor中定制了一个预置，那么在将项目转码的时候可以通过两种方法利用该预置。

将Compressor设置添加为共享的目的位置

在Final Cut Pro中可以访问一个定制的Compressor设置。与其他共享的命令相同，当导出的运算开始后，它会在后台进行。你可以继续进行该项目或者其他项目的剪辑工作。

1. 在Final Cut Pro菜单中选择"偏好设置"命令，进入目的位置窗格。
2. 将Compressor设置拖到目的位置列表中。

   这时会弹出Compressor中所具有的设置列表的对话框。
3. 在列表中选择你定制的设置，然后单击"好"按钮。

Compressor设置将会保留其名称，当然你也可以根据需要进行修改。

发送到Compressor

如果希望利用Compressor的分布式运算的优势，那么可以选择"发送到Compressor"命令。

1. 打开要共享的项目，在菜单栏上选择"文件 > 发送到Compressor"命令。

此时会启动Compressor，并在批处理中心中自动添加一个新任务。

2. 单击"显示"按钮，显示出设置的选项。

3. 将希望使用的设置或者若干个设置拖到这个任务上。

你可以指定导出文件的位置和文件名。

4 按住【Control】键单击位置，从弹出的快捷菜单中选择一个新的位置，比如"桌面"。

5 双击文件名，将文件名称命名为Archive- Lifted Vignette。

6 单击"开始批处理"按钮进行导出。

Compressor的界面会切换到任务窗格中，在这里可以监看导出运算的进程。

NOTE ▶ 单击剩余时间的标题栏可以显示预期的运算时间。

7 在导出完成后，关闭Compressor。

在使用共享中的目的位置的时候，并不是利用Compressor进行运算处理的。但是，如果希望定制目的位置的参数，利用分布式运算的优势，那么就需要通过App Store获得Compressor软件。

恭喜你！通过一系列操作，我们已经完成了项目最终的剪辑和发布。在本课中你已经感受到了Final Cut Pro在后期制作工作流程中的灵活性。借助磁性时间线的便利性，你可以尽情尝试各种不同的剪辑操作，通过试演功能尝试不同的镜头组合。Final Cut Pro消除了大量的技术壁垒，令剪辑师可以在熟悉界面后迅速地进入创作状态。

如果你不是一个每日需要剪辑的爱好者，那么最好每个月都拍摄和剪辑一个小故事。哪怕使用iPhone拍摄的宠物玩耍的小影片，也可以进行剪辑，令其逐渐艺术化。随着你越来越熟悉Final Cut Pro，你讲述故事的能力也会越来越高超。

课程回顾

1. 单击"共享"窗口中的哪个按钮会显示针对当前导出设置的兼容设备列表？
2. 在共享到网络服务器的时候，哪个界面显示了关于上传过程的详细信息？
3. 在哪里可以找到项目共享的历史记录？
4. 哪个目的位置的预置可以将影片一次性发布到多个平台上？
5. 母版文件中的哪个设置参数可以将音频按照角色存储在QuickTime影片的不同轨道上？
6. 哪种文件格式适用于与其他第三方软件交换数据？
7. 使用Compressor定制的设置的两种方法是什么？
8. 在上题的答案中，哪种方法可以利用到Compressor的分布式运算的优势？

答案

1.

共享窗口中的各软件兼容性复选框

2. 在Dashboard中单击"后台任务"按钮，查看上传进程的详细信息。
3. 在浏览器中选择项目，查看共享检查器。
4. 捆绑包。
5. "角色为"弹出菜单中的"多轨道QuickTime影片"。
6. 选择"文件 > 导出项目XML"命令。
7. 在"共享"弹出菜单中的目的位置列表中的Compressor设置；选择"文件 > 发送到Compressor"命令。
8. 选择"文件 > 发送到Compressor"命令。

第9课
管理资源库

资源库用于管理、存储、共享和归档一个或更多事件与项目。在第1课到第8课中，你创建了一个新的资源库，然后按照引用外接媒体或者复制被管理的媒体的方式将文件导入到资源库的事件中。在Final Cut Pro中，每次开始一个新的剪辑任务都会进行这个操作。在本课中将会学习管理事件、媒体文件和项目，以及进行归档的方法。

- 学习目标
  ▶ 外接的和被管理的媒体的区别
  ▶ 按照外接或者管理的模式导入媒体
  ▶ 在不同资源库之间移动和复制片段

参考 9.1
存储导入的媒体

剪辑师的工作专注在创意上，但是几十年来，剪辑工作流程要求剪辑师务必要熟悉片段的名称，创建一套精确的、具有描述性的层级结构文件来容纳这些片段。或者，严格按照剪辑软件对文件结构的固定要求进行。在Final Cut Pro中，引用外接媒体的管理方式则可以令剪辑师按照自己的喜好保留原来的文件位置，同时能够使用更高级的管理方法对文件进行管理，这在任何其他软件中都是没有的新功能。

实际上，不同的剪辑师会有不同的工作习惯，但大多数人在媒体管理上显得有些茫然，也有的剪辑师会完全不知所措。他们通常的方法就是简单地将媒体文件放在桌面文件夹中，也很少会事先修改文件名称。Final Cut Pro提供了一种管理媒体的模式，可以更积极地改善剪辑师的习惯，而且令剪辑师觉得不是那么烦琐。好，下面我们看一下具体的内容。

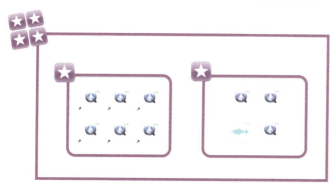

在Final Cut Pro中，资源库中包含事件。事件包括引用的或者是管理的媒体，前者仅仅包含源媒体文件的替身，而后者则包含源媒体的真实文件。

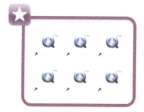

如果资源库中包含的是引用的媒体文件，那么媒体文件在事件中就会以替身文件的形式存在，

它们会引用放在原始位置上的源媒体文件。相对于源媒体文件来说，替身文件非常小。

管理的媒体的意思就是资源库的事件中包含所有源媒体文件，这些文件位于资源库内部，它们有可能占用大量的硬盘空间。

在Final Cut Pro中，引用外接媒体有着很高的媒体存储的效率。在这种模式下，资源库文件很小，可以迅速方便地转交给同事。源媒体文件可以存储在一个能够被多个用户同时访问到的中央存储空间中。这样，可以利用一个服务器存储单独的一套媒体文件，便于文件的管理，也提高了存储效率。除此之外，其他软件，比如Motion或者是Logic Pro X也可以很方便地访问这些文件。因此，后期合成专家和音频专家能够无缝地加入到整个工作团队中。

管理的媒体适合单独工作的剪辑师，或者更喜欢让Final Cut Pro管理媒体的剪辑师。每个导入的源媒体文件都被复制到资源库中，这可能会在同一个磁盘宗卷上出现两个完全相同的数据文件，但是只要硬盘空间足够，这也不是个大问题。

> **NOTE** ▶ 从技术角度看，一个资源库是一个打包的文件。你只能在Final Cut Pro中对资源库的内容进行调整和修改，而不应该在Finder中进行。

练习 9.1.1
在导入的时候让文件保留在原位

引用外接媒体的导入方式就是"让文件保留在原位"，与之对应的是"将文件拷贝进"选项。让文件保留在原位的时候，源媒体文件不会被移动或者复制，在接收导入文件的事件中会创建一系列替身文件，这些文件指向原始文件。

> **NOTE** ▶ 摄像机的源媒体文件是存储在闪存卡上的，这样的文件应该被复制到一个资源库中，或者直接备份到一个可以访问得到的磁盘宗卷中。

如果需要将源媒体文件在一个协同工作的环境中共享的话，那么就要选择"让文件保留在原位"单选按钮。即使网络环境不是非常完美，你也可以使用这个模式。

> **NOTE** ▶ 在选择"让文件保留在原位"单选按钮的时候，应该假定你已经对源媒体文件进行了必要的整理，因为任何对它们的移动、重命名或者删除操作，都会在Final Cut Pro中造成媒体离线的问题。如果你计划重新整理这些外接的媒体文件，那么你需要返回到Final Cut Pro中执行相应的操作，以便Final Cut Pro能够顺利地适应于你在该软件之外执行的一些文件整理的操作。请参考本课中的重新链接离线片段部分。

1 从菜单栏上选择"文件 > 新建 > 资源库"命令。
2 在弹出"存储"对话框后，将资源库命名为External vs Managed，作为练习，可以将文件存储在文件夹FCPX Media中。

NOTE ▶ 在实际工作中，你可以选择任何可以访问得到的位置进行存储。

3 在资源库窗格中，将默认事件重命名为External。

针对当前的事件，你将导入两段航拍的片段，并将它们的源文件保留在原位。

4 按【Command-I】组合键打开"媒体导入"窗口。

5 在"媒体导入"窗口中找到文件夹FCPX Media/LV2/LV Aerials，选择Aerials_11_03a和Aerials_11_04a，然后单击"导入所选项"按钮。

6 在媒体导入选项窗口中，确认在"添加到现有事件"弹出菜单中选择了事件External。

选择片段放置在哪个事件中并不会决定媒体文件的管理方式，为了让片段能够被剪辑，每个片段都必须放置在某个事件中。但是，真实的媒体文件并不一定要存放在事件中。在引用外接媒体的时候，会在事件中创建对应于源媒体文件的替身文件。在当前这个菜单中选择事件，仅仅是指定了这些片段会出现在资源库窗格的哪个事件中。在窗口中，"媒体存储"选项区域的选项决定了文件物理上的存储位置。如果选择了"让文件保留在原位"单选按钮，那么就不会移动媒体文件或者是复制媒体文件，而是仅仅建立了一个参考用的替身文件。

7 选择"让文件保留在原位"单选按钮，取消其他导入和分析的选项，单击"导入"按钮。

好，现在这两个航拍的片段出现在了External事件中。从表面上看，无法识别该片段是否是引用外接媒体的管理状态。让我们继续导入几个在资源库内部管理的片段，然后比较它们的存储位置的区别。

▶ 重新链接文件

如果你打开一个资源库，界面上显示出来的不是片段的缩略图，而是红色背景的缩略图，标识着警告文字：丢失文件，这就表示这些片段变成了离线状态，Final Cut Pro无法找到对应于这些片段的源媒体文件。最坏的情况是源媒体文件被删除了，如果不重新导入一模一样的源媒体文件，离线状态就不会改变。稍微好一些的情况是源媒体文件被移动了或者重命名了，此时，你可以将离线的片段与对应的源媒体文件重新链接起来，解决离线问题。

1 在资源库的事件中选择离线片段。
2 选择"文件 > 重新链接文件"命令。
3 在"重新链接文件"对话框中,可以选择重新链接所有文件,或者仅链接缺少的文件。

4 选择"全部"单选按钮。
5 找到列表中文件的所在位置,选择文件,并单击"继续"按钮。
6 在"重新链接文件"对话框中,选择是否希望将文件复制到事件中,或者继续将它们保留在原位,视为参考的源媒体文件。
7 单击"重新链接文件"按钮。

练习 9.1.2
导入管理的片段

对于那些不希望花费时间思考管理方法的剪辑师,将源媒体文件直接内置于Final Cut Pro的管理方法节省了他们很多精力。在导入选项对话框中选择"将文件拷贝进"某个事件,这样源媒体文件就会直接复制到事件中,所有的文件管理工作也都可以直接在Final Cut Pro中进行了。

1 按【Command-I】组合键打开"媒体导入"窗口。
2 在文件夹LV Aerials中选择Aerials_13_01b和Aerials_13_02a,然后单击"导入所选项"按钮。

你需要新建一个事件,用于放置这两个片段,否则它们仍然会是之前的引用外接的状态。

3 选择"创建新事件,位于"单选按钮,然后在弹出菜单中选择"External vs Managed资源库"选项。

4 在"事件名称"文本框中,输入Managed。
5 在"媒体存储"选项区域,选择"将文件拷贝进"单选按钮。

这样，新导入的片段就会成为被管理的媒体。在目的位置的弹出菜单中有包含事件的资源库的名称。此外，你也可以将源媒体文件复制到另外一个位置上。但是在本次练习中，你需要选择一个资源库，而不是随便选择一个可以存放文件的文件夹。

NOTE ▶ "将文件拷贝进"选项允许用户将媒体文件转存到某个位置。

6 在"将文件拷贝进"弹出菜单中选择"External vs Managed资源库"选项，单击"导入"按钮。

好，在当前这个资源库中既包含引用外接的媒体，也包含被管理的媒体。下面我们通过信息检查器观看一下它们的区别。

7 选择资源库External vs Managed，在浏览器中显示出它所包含的所有片段。

8 在浏览器中，切换到列表显示模式，然后选择Aerials_11_03a。

9 选择片段之后，在信息检查器下方找到"文件信息"选项区域。

在"文件信息"选项区域显示了被选择片段所属的事件。在本例中，Aerials_11_03a是存储在事件External中的。接着可以看到，"位置"显示了存放FCPX MEDIA文件夹的磁盘宗卷。如果FCPX MEDIA文件夹是存放在你的桌面上的，那么"位置"就会显示当前启动的磁盘宗卷的名称。

10 在浏览器中选择Aerials_13_01b。

在信息检查器的"文件信息"选项区域显示了该文件是位于资源库External vs Managed中的。这也印证了该文件是被管理的媒体文件，是被存放在资源库中的。

在导入的时候，这些选项为导入的片段带来了独特的特征。虽然这些被选定的状态也可以稍后被更改，但是如果在第一次导入的时候懂得它们的区别，有目的地进行选择，显然可以令你的工作流程更加顺畅。

▶ 从Finder中拖动以进行导入

将媒体文件直接从其存放的文件夹中拖到Final Cut Pro资源库的某个事件中，也可以完成导入工作。在拖动的时候，通过光标的形状可以判断出导入操作是按照引用外接媒体还是被管理的方式进行的。

▶ 带有弯钩形状的光标表示文件作为引用外接媒体而导入。

▶ 带有加号圆球形状的光标表示文件作为被管理的媒体复制到了事件中。

如果没有看到这些光标的形状，尝试在拖放的时候按住【Option】键、【Command】键或是【Command-Option】组合键。

▶ **防止重复**

资源库的数据库会通过多种方式高效地管理媒体文件，其中一种方法就是不会复制重复的媒体文件。比如源媒体文件SMF1已经位于资源库X的事件A中，如果重新导入SMF1至事件A或者事件B中，不会重复复制源媒体文件。在事件A和事件B中的片段SMF1都会指向同一个源媒体文件。

练习 9.1.3
在资源库内部移动和复制片段

在导入一个源媒体文件的时候可能会选择了不希望使用的事件。为了修改这个错误，你可以在资源库窗格中将该片段从所属事件中拖到同一资源库的另外一个事件中。在这个操作过程中，Final Cut Pro会自动为你更新片段的管理信息。

NOTE ▶ 最好在Final Cut Pro中执行媒体的管理工作，而不是在Finder中。

1 在事件External中找到片段Aerials_11_03a，在信息检查器的"文件信息"选项区域验证一下它的管理状态。

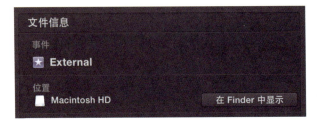

该文件是引用外接的源媒体文件。在"位置"选项下显示了源媒体文件所处的宗卷。

2 将Aerials_11_03a从事件External拖到事件Managed中。

注意，这时光标形状还是一个箭头，并没有改变为加号圆球的形状。这表示该片段仅仅是被移动了，这也是在同一资源库的不同事件之间拖动片段的默认操作形式。

3 在事件Managed中，选择片段Aerials_11_03a。

　　信息检查器中显示了文件存储在一个宗卷中，它表示该文件是引用外接的源媒体文件。如果文件是被管理的，那么"位置"选项下会显示出它所存放的资源库的名称。

　　即使进行复制，外接媒体文件也会继续保持它被引用的状态。下面我们来拖动Aerials_11_04a进行一下验证。

4　按住【Option】键将Aerials_11_04a从事件External拖到事件Managed中。【Option】键要求Final Cut Pro进行复制操作。当位于目标事件上的光标的形状为加号圆球的时候松开鼠标。

5　在事件Managed中选择Aerials_11_04a，在信息检查器中验证它的位置。

　　"位置"选项下显示了该片段仍然是被引用的外接媒体。这种特性保证了你可以在多个事件中具有多个指向同一源媒体文件的外接媒体，而且不会导致这些源媒体文件被多次复制。

　　在复制被管理的媒体的时候，资源库仅会保持一个源媒体文件，仅会在不同事件中放置同样指向这个源媒体文件的不同片段。无论是被管理的，还是外接的，Final Cut Pro都力图避免重复复制源媒体文件，以节省磁盘空间。

▶ 在不同资源库之间使用片段

　　你不仅可以在同一资源库的不同事件之间拖动片段，也可以在不同的资源库之间拖动。如果你创建的是一个当作视频库来使用的资源库，那么会经常添加和复制片段。无论是在资源库之间复制还是移动片段，外接媒体的状态都会一直保持着。你也可以选择在复制的同时复制相关的优化和代理媒体。如你所见，在这种情况下，引用外接媒体是一种非常好的管理方法。当然，你也可以随时将它们转换为被管理的媒体资源库。

练习 9.1.4
制作便携的资源库

　　如果剪辑师使用MacBook Pro和雷电或USB 3的硬盘，那么就等于拥有了一套移动的、轻量化的剪辑系统。在本次练习中，我们假定你在办公室有一套Mac Pro，这套计算机用于日常剪辑。但是针对客户的一个项目，你必须在现场完成影片的剪辑。针对这种情况，Final Cut Pro具有一种内置的简易方法，能够复制资源库，并携带随身进行剪辑。

NOTE ▶ 在本例中，你会将一个项目复制到新资源库中。除此之外，也可以将项目和所有媒体文件复制到移动硬盘上，或者将单独的事件复制到外置硬盘上。

1 在资源库窗格中选择资源库External vs Managed。

这个资源库是将要用于移动剪辑的。我们需要保持Mac Pro中的内容完全不变，仅仅将该资源库复制到外置硬盘上。

2 从菜单栏中选择"文件 > 新建 > 资源库"命令。在"存储"对话框中的"存储为"文本框输入On the Go，"位置"选择"桌面"，然后单击"存储"按钮。

在资源库窗格中会出现这个新建的资源库，它是空的，仅含有一个空的事件。目前不用考虑该事件的名称，因为稍后会直接删除该事件。下面开始复制事件。

3 在资源库窗格中选择事件External和Managed，然后选择"文件 > 将事件拷贝到资源库 > On the Go"命令。

这时会弹出一个对话框，提示外接媒体仍然是外接的，被管理的媒体将会被复制。由于你需要在客户现场能够本地化地使用所有数据，所以应该将所有源媒体文件都复制到资源库On the Go中。

NOTE ▶ 请注意，你应该选择的是两个事件，而不是资源库。

4 取消选择"优化的媒体"和"代理媒体"复选框，单击"好"按钮。

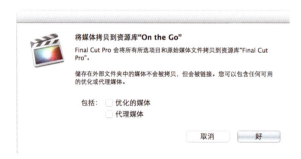

"后台任务"按钮会显示出处理的进程情况，但是它会非常快地结束。因此，让我们验证一下操作的结果。

5 在资源库窗格中找到资源库On the Go，然后选择其中的事件External，再选择Aerials_11_04a。

6 在信息检查器的"文件信息"选项区域可以发现，该片段仍然是引用的外接媒体，片段存储位置是一个宗卷的名字。

7 选择不同的片段，分别检查它们的管理状态。

由于你需要携带走所有的媒体文件，因此需要继续执行另外一个命令，以便将所有引用的外接媒体转变为被管理的媒体。

8 在选择了资源库On the Go后，在菜单栏中选择"文件 > 整合资源库文件"命令。

在弹出的对话框中可以创建一个新的外置的文件夹，将所有媒体文件复制到该文件夹中。也可以将所有媒体文件整合到一个被管理的资源库中。在本练习中，我们选择后者。

9 在"将文件整合到"弹出菜单中选择"On the Go资源库"选项，单击"好"按钮。

在"后台任务"按钮显示操作完成后，让我们再检查一下源媒体文件是否位于资源库中。

10 在资源库On the Go中，选择每个片段，分别验证它们的存储位置。

现在，所有片段都位于资源库On the Go中了。几个片段属于事件Managed，另外几个片段则属于External。下面，我们关闭这个资源库，从资源库窗格中移除它。

11 按住【Control】键单击资源库On the Go，从弹出的快捷菜单中选择"关闭资源库On the Go"命令。

通过整个媒体，我们将源媒体文件转变为被管理的媒体文件，存放在了一个资源库中。这样，你就可以方便地携带这个资源库文件，在客户现场完成剪辑工作了。

NOTE ▶ 打开一个现有资源库的方法是：在菜单栏中选择"文件 > 打开资源库"命令，然后选择最近打开过的资源库，或者选择其他命令，然后找到没有在列表中显示出来的资源库。

▶ 归档资源库

归档资源库的操作与创建一个便携的资源库基本类似，在归档时候，就是相当于为项目可以随身携带而做的准备工作——在复制完成后进行事件的整合。如果操作不当，那么归档的资源库可能会丢失一些重要的源媒体文件，导致项目无法正常播放。此外，某些数据是不需要被归档的，比如渲染文件、代理和优化媒体文件。这些数据文件可以预先删除掉，以便节省硬盘存储空间。以下是一些在归档的时候需要注意的问题：

- ▶ 在选择了需要归档的事件后，在菜单栏中选择"文件 > 删除事件渲染文件"命令。在弹出的对话框中选择"全部"选项，然后单击"好"按钮，删除该事件中所有的渲染文件。
- ▶ 与上面的练习一致，你需要使归档资源库是一个被管理的媒体的资源库。将所有数据归档到一个单一的资源库文件中。
- ▶ 如果已经保留了原始的源媒体文件，或者它们的摄像机归档文件，那么就不需要归档优化的媒体文件或者代理的媒体文件。
- ▶ 在资源库窗格中删除不必要的事件。在退出软件后，你可以删除已经完成归档的资源库。如果需要，也可以将资源库移动到另外一个存储位置上。
- ▶ 通过退出和重新启动Final Cut Pro，可以清除一些Final Cut Pro内部的临时文件。
- ▶ 在Finder中，将摄像机归档文件与归档的资源库文件放置在一起。
- ▶ 其他资源库的功能。

▶ **Final Cut Pro优秀的资源库结构使媒体管理变得异常强大而简单。以下是一些有关资源库和事件的特性：**

- ▶ 每隔20分钟会自动备份一次资源库的元数据。如果需要恢复某个资源库，在资源库窗格中选择该资源库，然后在菜单栏中选择"文件 > 打开资源库 > 从备份"命令。在弹出的对话框中可以根据日期和时间从一次备份中进行恢复。
- ▶ 除了可以通过拖动的方式移动和复制事件之外，也可以使用菜单命令——将事件拷贝到资源库，从而将事件移到资源库。
- ▶ 使用菜单命令合并事件可以将多个不同的事件合并为一个事件。
- ▶ 如果原始的源媒体文件被删除了，假设存放该文件的摄像机闪存卡还没有被重新擦写，那么就可以重新导入该文件。或者，从摄像机归档文件中进行导入。在事件中选择离线的片段，然后在菜单栏中选择"文件 > 导入 > 从摄像机/归档重新导入"命令。

课程回顾

1. 请描述被管理的媒体与外接媒体的定义和区别。
2. 外接媒体是如何被引用到事件中的？
3. 在指定使用外接媒体的管理方式的时候如何进行操作？
4. 如何找到下图所示的文件信息部分？

5. 在归档资源库，或者创建可携带的资源库的时候，有哪些操作是需要完成的?

答案

1. 被管理的媒体文件是将源媒体文件存放在一个指定的资源库中——Final Cut Pro会保持对这些文件的追踪和管理。外接媒体则是将源媒体文件存放在资源库之外的某个文件夹中——用户自己负责对文件的追踪和管理。
2. 外接媒体是事件中的一个替身文件。
3. 选择"让文件保留在原位"单选按钮；或者选择"将文件拷贝进"单选按钮，在右侧的弹出菜单中选择一个文件夹。
4. 在资源库窗格中选择事件，在信息检查器中可以找到"文件信息"选项区域。
5. 整个资源库为被管理的资源库，删除渲染文件，不要包含优化的媒体文件的或代理的媒体文件。

第10课
改善你的工作流程

无论剪辑师在处理什么样的项目，导入、剪辑和共享都是在整个工作流程中必不可少的3个阶段。将源媒体文件导入到Final Cut Pro后，对其进行剪辑，最后再导出最终影片。根据项目和客户的不同，在这3个阶段中还可能会有一些不同的工作方式，称为子工作流程。在某些大规模的影片制作中，3个大的阶段可能会被分给多达20个工作人员的制作团队。而另外一些影片则很可能由一位剪辑师完成所有的工作。

学习目标
- ▶ 手动设置新项目的格式
- ▶ 双系统录制的同步
- ▶ 颜色抠像
- ▶ 多机位工作流程

在本课中讲述的子工作流程提供了一些额外的信息，方便你改善和优化自己的工作流程。虽然某些特殊的技术可能永远不会用于你的工作中，但是通过这里的练习你却能够熟悉一些知识，以便扩展使用在自己的工作流程中。

子工作流程 10.1
手动设置新项目

每个项目都需要定义它的帧尺寸（分辨率）和帧速率。在创建新项目的时候，可以通过以下两种方法进行设置：

- ▶ 自动设置：在剪辑进入第一个片段的时候进行配置，这也是默认的选择。
- ▶ 手动设置：在项目设置窗口单击"使用自定设置"按钮。

自动设置适用于大多数项目和剪辑师。进行手动设置的时候，通常要考虑到以下因素：

- ▶ 发布的影片的分辨率和帧速率与现有的源媒体文件不同。
- ▶ 在第一次剪辑的时候会使用一种非常规分辨率的片段。
- ▶ 在第一次剪辑的时候会使用非视频的片段，比如音频片段或者静态图像。

非常规的分辨率是指视频的帧尺寸不是常规数值。通常在一些比较前卫的场地、环境或者空间中会使用特殊的视频分辨率。作为商业展示和广告播放，为了吸引更多的注意力，视频可能会被要求以某些特殊尺寸和比例的横幅来播放，也可能是垂直方向的条幅。很多博物馆和展会也会寻求使用特殊分辨率，以一种创造性的方式来播放视频内容。

NOTE ▶ 在任何时候都可以更改项目的分辨率，但是帧速率是在一开始就固定下来的。

在这个子工作流程的练习中，你将手动进行项目的设置。我们先创建一个新项目，在练习完毕后再删除即可。

1. 在资源库窗格中按住【Control】键单击资源库Lifted，然后从弹出的快捷菜单中选择"新建项目"命令。

在"新建项目"对话框中输入项目名称，并进行自定设置。

2. 输入Custom Project作为项目的名称。在"事件中"弹出菜单中选择Primary Media，单击"使用自定设置"按钮。

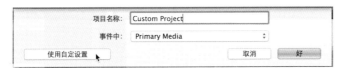

这时，此对话框会展开更大面积，以显示自定设置的内容。在这里将要选择手动配置的各种参数。

3. 分别设置"视频属性"、"音频和渲染属性"中的相关参数。

在"视频属性"选项区域中，你可以设定帧尺寸和帧速率。在"格式"弹出菜单中包括Final Cut Pro原生支持的分辨率和帧速率。在本次练习中将要输入一种不常见的参数。

4. 在"格式"弹出菜单中选择"自定"选项。

在"分辨率"弹出菜单中可以自定帧尺寸，在"速率"弹出菜单中列出了支持的帧速率。

5. 针对当前这个练习，设定以下数值：
   ▶ 格式：自定
   ▶ 分辨率：1080 × 1920
   ▶ 速率：29.97

下面，我们接着看一下"音频和渲染属性"的参数。

6. 打开"音频通道"弹出菜单，这里有两个选项："立体声"和"环绕声"。

这个参数决定了项目所使用的音频通道的数量：两个通道的立体声，或者是6个通道的环绕声。

7 将"音频通道"设定为"环绕声"。

8 打开"音频采样频率"弹出菜单。

Final Cut Pro支持多种音频采样频率。采样频率指的是每秒测量和录制多少次音频信号。常见的视频后期工作中的采样频率就是默认的48kHz，它表示每秒会采样48 000次。采样频率越高，数据的准确度也就越高。

9 保持音频采样频率为48kHz的设定，打开"渲染格式"弹出菜单。

在之前的课程中，每次添加转场、效果和字幕的时候，在时间线上都会出现一段渲染横条。

渲染横条表示软件需要生成一个媒体文件，用于加速对应时间范围内的执行效率。因为在不渲染的时候，项目也能够播放，所以，很可能你从来没有注意到这个事情。当软件进行渲染的时候，它会根据这个"渲染格式"弹出菜单中规定的编码生成渲染文件。当影片中使用了高清视频、静态图像和图形的时候，默认的Apple ProRes 422是一种非常合适的编码。该编码在尽可能小的文件尺寸的前提下带来了近乎无损的视频质量。

NOTE ▶ 由于Apple ProRes 422的质量比大多数高清编码都高，所以，你可以认为Apple ProRes 422就是一种最好的选择。当然，如果你需要一种更高质量的编码，那么可以考虑使用Apple ProRes 422（HQ）、Apple ProRes 4444和无压缩格式。但需要注意，这几种格式会产生非常较大的文件。

10 确认"渲染格式"设定为Apple ProRes 422，单击"好"按钮。

好，新的项目创建好了，并在时间线上打开。在时间线窗口的下方，你可以看见项目设定的信息为：1080 × 1920、29.97 fps和环绕声。

11 如果没有看到音频指示器，那么按【Command-Shift-8】组合键打开音频指示器。

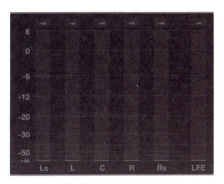

由于项目设定为"环绕声",因此音频指示器显示出6个通道的情况。好,目前项目已经设置完毕了。

子工作流程 10.2
双系统录制的同步

在拍摄电影的时候,通常会使用独立的系统分别录制视频和音频。随着小型化、低价格的单反相机(可录制视频)的普及,双系统录制也越来越常见了。分别在不同设备上录制视频和音频为剪辑师带来了新的工作,也就是在剪辑的时候需要将它们组合为一个片段。在本次练习中将会讲解Final Cut Pro的操作方法,让我们先导入一些媒体文件。

1 在文件夹FCPX MEDIA中找到LV3,将文件夹Extras导入到第10课建立的新事件Lifted中,并将文件夹作为关键词精选。

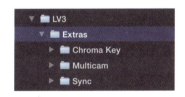

选择Extras进行导入

将导入的文件夹作为关键词精选

文件夹Extras中包含本次练习所需要的素材。其中,在Sync关键词精选中包含有关Mitch采访的一个视频片段和一个音频片段。在视频片段中的音频效果不是很好,我们将要使用单独的音频片段作为Mitch采访讲话的音频。

2 在Sync关键词精选中选择这两个片段。

3. 在被选择片段上按【Control】键并单击，从弹出的快捷菜单中选择"同步片段"命令。

Final Cut Pro会分析片段的音频，如果有时间码的话，也会进行分析。然后生成一个新的片段，片段名称会有同步片段的字样。

4. 在资源库窗格中选择事件Lesson 10，在没有分配关键词的片段中可以找得到这个新的同步片段。

同步的片段还不具备Sync关键词，因此，无法在关键词精选找到该片段。

此后，还有一个工作要进行。当前的同步片段同时播放了摄像机录制的音频和录音机所录制的音频。

5. 按住【Control】键单击同步片段，然后在弹出的快捷菜单中选择"在时间线中打开"命令。

此时，时间线窗口内会显示被选择的同步片段。在时间线导航栏中可以看到该同步片段是位于事件Lesson 10中的。

请注意，在主要故事情节中的是带有音频的视频片段。

NOTE ▶ 如果视频缩略图没有显示出来，那么请修改片段外观中的设置。

6 手持录音设备录制的采访讲话是单独的音频片段，它连接在了主要故事情节的视频片段上。你需要禁用视频片段中的音频部分，仅播放录音设备录制的音频。禁用视频片段中音频部分的方法有两种：

▶ 将视频片段中的音频音量控制线向下拖到无限小。
▶ 在音频检查器的"通道配置"选项区域将禁用视频片段的音频。

下面，让我们使用第二种办法。

配置音频通道

在音频检查器的"通道配置"选项区域，你可以将片段音频设定为立体声、单通道，或是环绕声，也可以启用或者禁用某个通道的音频。

1 在浏览器中选择同步片段。
2 在音频检查器中，显示"通道配置"选项区域的具体内容。

"通道配置"选项区域显示的信息与时间线上的是相对应的：在主要故事情节上有一个音频片段，还有一个连接的音频片段。

3 在"通道配置"选项区域取消选中"故事情节"复选框，其中包含在拍摄视频过程中嵌入在视频文件中的音频数据。

在时间线上并没有发生任何变化。在检查器中看到的是组成同步片段的各个音频组件。我们在检查器中进行的调整仅仅涉及同步片段如何控制它所包含的内容。下面，让我们把同步片段追加剪辑到一个新的项目中，监听一下它的实际效果。

1 在事件Lesson 10中创建一个新的项目，名称为Syncd，单击"使用自定设置"按钮。

2 将同步片段追加剪辑到项目Syncd中，适当调整音量。

3 在时间线上选择同步片段，然后在检查器中查看"通道配置"选项区域的内容。

现在，采访视频的画面已经与高质量的音频片段同步在一起了。

子工作流程 10.3
颜色抠像

最近，LCD和LED显示屏幕出现在了各种电视新闻上。此前，气象学家是站在一面绿色或者蓝色的墙前面讲解天气趋势的。这种墙称为色度墙，通过它剪辑师能够使用一个视频片段或者动画替换这面墙中的颜色，然后将人物放在前景中，实现一种视觉上的合成。除了天气预报和影片的特殊效果之外，这种处理方法还常用于采访节目，也就是将受访者的背景替换为某种视觉特效或者另外一个环境。随着便携色度屏幕的出现，之前只有在摄影棚中完成的拍摄可以在任何地点进行了。在本次练习中，你将使用抠像器处理一个视频片段，将受访者放在另外一个背景图形上。你也会使用遮罩移除图像中一些不希望出现在画面中的元素。

1 在资源库窗格的事件Lesson 10中找到关键词精选Chroma Key。

在这里可以找到片段MVI_0013。该片段是一小段被采访者站在色度墙前讲话的镜头。接下来，你将创建一个项目，并将这个前景片段放在主要故事情节上。

2 在事件Lesson 10中创建一个新的项目，名称为Green Screen，单击"使用自定设置"按钮。

3 在浏览器中选择片段MVI_0013，按【E】键将其追加剪辑到主要故事情节中。

好，接下来我们要将抠像器效果添加到片段上。

4 在效果浏览器中选择"抠像"分类，然后找到"抠像器"效果。

5 在时间线上选择前景片段，扫视"抠像器"的效果，预览观看画面的变化。

在"抠像器"的缩略图和检视器中都可以看到"抠像器"应用到了被选择片段上后的效果，这与之前任何一个普通效果的预览方式都是一致的。在画面中，绿色的背景消失了。

6 双击"抠像器"效果，将其添加到被选择的前景片段上。

此时，绿色的背景被一个Alpha通道所代替。该通道目前看上去是黑色的，因为在前景片段之下没有任何其他视频片段，所以它呈现为黑色。稍后，我们会处理这个问题。

7 在发生器浏览器中，选择一个背景，比如"丑陋"。

接下来你可能会考虑如何将背景片段连接到主要故事情节上。如果按【Q】键执行一个连接编辑，那么背景片段将会叠加在前景片段的上方。因此，你可以将前景片段从主要故事情节上抬起来，代之以一个空隙片段，然后再改变前景和背景片段的上下叠加顺序。另外，你也可以直接将背景片段连接到前景片段的下方。

8 将"丑陋"片段拖到主要故事情节的下方，对准前景片段的开始点，松开鼠标。

这样，背景片段就会出现在采访者的背后了。当前，"抠像器"效果使用了一整套预设的参数，自动去除了绿色屏幕。接下来，我们从画面上移除更多没有必要出现的元素。

▶ 有关发生器

在Final Cut Pro中，发生器与效果的应用有些类似，区别是在应用了发生器并访问它的参数的时候才会发现巨大的不同。在项目中添加了发生器"丑陋"后，选择该片段，然后在检查器中就可以看到它的各项参数。建议你尝试各种参数的调整，实现不同的纹理和颜色效果。

遮罩物体

由于合成的技术、灯光照片或者场地的限制，在抠像后的片段中仍然可能会存在一些并不想保留在画面中的元素。最简单的方式就是利用裁剪工具将它们遮挡在画面之外。而这次，让我们一起来尝试一下使用遮罩效果。

1 在时间线上选择前景片段，将播放头对准该片段，这样可以在检视器上随时看到画面效果。

2 在效果浏览器的"抠像"分类中双击"遮罩"。

在检视器中的画面出现了4个控制手柄。通过它们可以调整遮罩的形状：所有在遮罩内部的都是被保留可见的，所有在遮罩之外的都是被隐藏的。

3 调整4个控制手柄的位置，保留采访者，移除四周一些不必要的设备的图像。

除了遮罩之外，你也可以使用变换和裁剪工具，限定需要保留的前景内容。

手动选择样本颜色

在某些时候，由于场地、时间和设备的限制，令你无法得到一个完美的单色背景屏幕。此时，你需要手动地调整抠像器中的参数，确定需要去除的颜色。在本练习中，让我们尝试一下手动指定样本颜色。

1 在时间线上选择前景片段，并将播放头对准该片段。在视频检查器中找到抠像器效果。

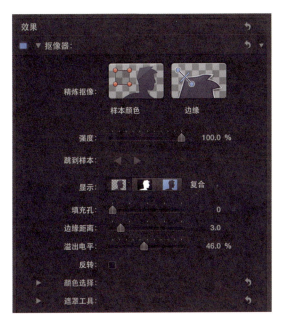

2 在抠像器的参数中将"强度"滑块拖到0%。

　　这样，抠像器就切换到了手动模式，绿屏重新出现在画面上。下面，你将指定在前景片段中哪些颜色是需要被替换的。

3 在视频检查器中找到"精炼抠像"中的样本颜色按钮。这个小工具通过拖出一个矩形框来指定矩形框中所包容的颜色是需要被替换的颜色。

4　单击"样本颜色"按钮,将光标移动到检视器上。

此时光标变成了一个十字外加一个矩形框的形状。接下来使用这个工具指定画面中绿色的区域。

5　在绿色屏幕的位置上拖出一个矩形框。要小心一些,不要触碰到被采访者。

随着拖出一个矩形框,绿色立刻就消失了。

NOTE ▶ 使用样本颜色工具可以选择多个颜色。

6　松开鼠标,返回到视频检查器中,再次单击"样本颜色"按钮。在检视器的画面中选择任何剩余的绿色区域。

好，随着不断地拖出新的矩形，剩余的绿色区域都从画面上消失了。仅仅通过几次简单的敲击，采访者就站在了一个全新的背景前面了。

NOTE ▶ 抠像器中还有很多可以精细调整画面效果的参数。请参考Final Cut Pro X的用户手册，以获得更多信息。

子工作流程 10.4
剪辑多机位片段

如果影片是通过多台摄像机同时进行拍摄的，那么你就可以利用多机位剪辑功能高效地剪辑来自各个拍摄角度的镜头。剪辑师就像坐在直播间中，同时可以看到多台摄像机的实时画面。在Final Cut Pro中，最多可以同时观看16个角度的镜头，最多可以同步48个不同的角度。一般来说，一块普通硬盘可以支持4个角度的视频同时播放。如果借助高带宽的磁盘系统，通过Thunderbolt 2连接计算机，Final Cut Pro可以轻松地同时播放16个高清视频的画面。

设定一个多机位片段

根据Final Cut Pro的工作流程，你首先需要从多台摄像机（或者存储设备）上导入媒体文件。在本练习中，你将使用一组从多个角度同时拍摄的采访片段。

1 选择事件Lesson 10，打开"媒体导入"窗口。

两段采访素材是分别存放在两个摄像机归档文件中的5D_MC1_CARD01和7D_MC2_CARD01。

2 导航到文件夹FCPX MEDIA/LV3/Extras/Multicam中，单击三角图标，展开显示文件夹中的内容。

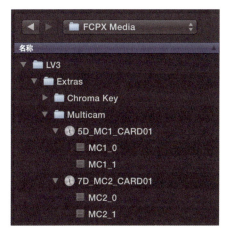

3 按住【Command】键单击每个归档中的两个片段，一共是4个片段，然后单击"导入所选项"按钮。这时会弹出媒体导入选项对话框。

4 在这个对话框中，在资源库Lifted中创建一个新事件，命名为Interview Multicam。确认将文件复制到资源库中。取消选择所有分析的选项，单击"导入"按钮。

这样，在浏览器的事件Interview Multicam中就出现了分别来自两个摄像机归档的4个片段，它们分别是两个拍摄角度的两个片段。Final Cut Pro已经为它们分配了一些元数据信息，我们可以借助这些信息来创建一个多机位片段。首先，利用元数据将片段名称还原为它们原本的文件名。

5 在Interview Multicam中选择这4个片段，然后在菜单栏中选择"修改 > 应用自定名称 > 来自摄像机的原始名称"命令。

单击浏览器中的灰色区域，对片段名称进行更新。

6 选择第一个片段，在元数据视图的下拉菜单中选择"扩展"命令。

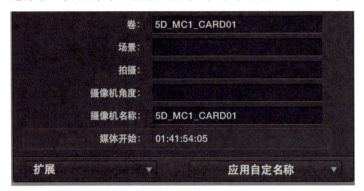

扩展视图显示出很多片段的元数据信息。在本例中，请注意这些片段被自动分配了卷名和摄像机名称。

7 分别单击这4个片段，在信息检查器中检查它们的卷名和摄像机名称。

Final Cut Pro将会利用这些信息自动将片段分配到相同的摄像机角度中。下面，让我们来创建多机位片段。

8 在事件Interview Multicam中选择所有4个片段，按住【Control】键单击任何一个被选择的片段，然后从弹出的快捷菜单中选择"新建多机位片段"命令。

这时弹出来的多机位对话框与新建项目的对话框非常类似。

9 在对话框中输入MC Interview作为多机位片段名称，然后确认选中了"使用音频进行同步"复选框。

在本例中需要使用自动设置。如果片段的元数据信息非常少，那么剪辑师需要单击"使用自定设置"按钮，设定不同的方法，以帮助Final Cut Pro判断哪个片段应该归属于哪个角度、同一个角度中不同片段的先后次序，以及如何进行不同角度的同步。下面，让我们首先使用自动设置的方法创建多机位片段。

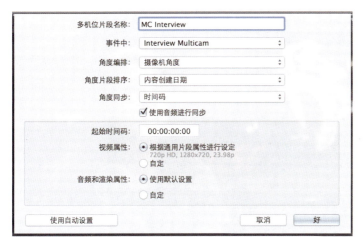

10 在对话框中确认使用了自动设置,并选中了"使用音频进行同步"复选框,单击"好"按钮。

在当前事件中出现了新的多机位片段,其缩略图上包含4个小方块的图标。让我们在角度编辑器中打开这个多机位片段,检查一下Final Cut Pro自动进行同步的效果。

11 在浏览器中双击该多机位片段。

现在时间线显示的就是角度编辑器。最左侧的就是角度监视控制按钮,它决定了在播放的时候,哪个角度是可见和可听的。

12 单击两个角度上的小喇叭图标,开始播放。

这时可以在观看被选择的视频角度的同时,听到两个角度上的音频。

13 单击每个角度上的监看视频按钮,切换画面内容。

你可能会注意到,7D角度有一点点回声的问题。根据回声程度来判断,5D和7D角度可能有一帧的错位。你可以轻微移动一个角度中的片段,再次检查两个角度的同步。

14 选择7D角度中的第一个片段,一边监听两个角度的音频,一边播放。

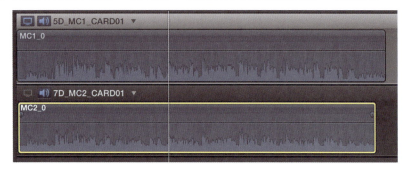

15 按【,(逗号)】键,令片段向左移动一帧。

此时再检查一下回声是否消除了,是否带来了更明显的回声?如果片段不同步,那么就会听到两个一模一样的声音几乎是在同时发出的,但仍然会有一点点区别。

16 再次按一下【,(逗号)】键,将片段再向左移动一帧。

好,现在发现片段完全不同步了。

17 这次,按【。(句号)】键,令片段向右边移动一帧。现在,两个片段是同步的,不需要再调整了。

在多机位片段中包含两个不同摄像机拍摄的片段。在采访问答的时候,摄像机按下了开始/停止按钮,逐段录制了原始的片段。在录制中的暂停就导致了片段之间的暂停。下面,我们将这个多机位片段追加剪辑到一个新项目中,再编辑不同角度的镜头切换。

▶ 设定摄像机日期和时间

即使在拍摄的时候开始/停止按钮的触发时间是不同的,高级的多片段同步也能够同步多个角度。当片段的音频比较弱的时候,默认的音频同步会进一步访问时间码信息或者日期/时间标记。多片段同步甚至可以按照内容创建的日期/时间标记将静态图像同步到视频角度上。

编辑一个多机位片段

在Final Cut Pro中剪辑多机位片段的乐趣就在于能够一边播放一边切换镜头,待播放完毕,剪辑也就完成了。好,下面我们使用角度检视器来进行操作。

1 在资源库窗格中按住【Control】键单击事件Interview Multicam,在弹出的快捷菜单中选择"新建项目"命令。

2 将新项目命名为Multicam Edit,使用默认的自动设置,单击"好"按钮。

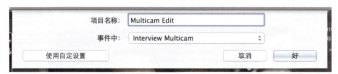

3 将MC Interview追加剪辑到项目中,将播放头放在项目的开头。

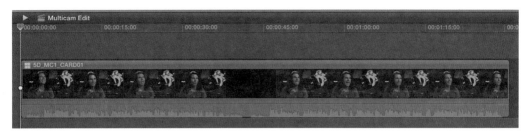

如果检视器的画面是黑色的,那么通常是因为在当前角度下,已经同步的多机位片段的开头部分是空的。我们可以通过修剪工具快速修剪一下,将片段开头这部分剪掉。

4 由于在片段前面空余的时间很短,按几下右箭头键,即可在检视器上到达出现采访画面的地方。

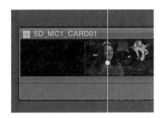

将播放头移动到检视器上出现画面的地方

5 看到画面后,再多移动5帧,然后按【Option-[】组合键,将开始点修剪到播放头的位置。

修剪到开始点

在进行实际剪辑之前,还有一些准备工作。你需要打开角度检视器,以便同时能够看到多个角度中的片段画面。在"设置"菜单中,最多可以令检视器同时显示出48个角度中的16个(这还要取决于磁盘存储有足够的空间来播放如此之多的视频流)。

6 在菜单栏中选择"窗口 > 检视器显示 > 显示角度"命令。

也可以在检视器显示菜单中打开角度的显示。

7 为了给检视器腾出更多的界面空间,在菜单栏中选择"窗口 > 隐藏浏览器"命令,隐藏资源库和浏览器窗格。

在默认情况下，角度检视器将会随着你单击某个角度的画面实现剪切和切换。剪切的位置与播放头播放到你单击鼠标的位置是相同的。剪切和切换对视频和音频是同时生效的。这种剪辑的技术非常快速、简单，但也可能会碰到错误。因此，让我们从这样的错误开始学习。

8 将时间线上的播放头放在多机位片段的前面1/3处。

在角度检视器中，一个角度的边框是黄色的，这表示该角度是活跃的角度，其视频可见，音频可听。

9 在角度检视器中，将光标放在另外一个角度上，注意，此时光标变成了刀片形状的切割工具。

此时，如果单击，切割工具将会将时间线上的多机位片段分割出一个新的部分，并将活跃的视频和音频切换到单击的这个角度上。

10 在角度检视器上，当看到刀片形状的光标后单击，并同时观看角度检视器和时间线上的变化。

这样，我们将片段切成了两个部分，并切换到了另外一个角度上。角度检视器上的黄色边框表示该角度变成了活跃的角度，其视频和音频都是活跃的。这种操作行为有两层含义：

- 不按住任何修饰键直接单击，会在播放头位置完成一次剪切，并切换到另外一个角度上。
- 黄色的边框表示剪切将对视频和音频都生效。

11 当前这次剪辑仅仅是一次使用角度检视器进行编辑的示范，所以，让我们按【Command-Z】组合键撤销操作，将播放头重新放到时间线的开头。

在多机位片段中，角度5D的音频录制质量很不错，角度7D的则不太好。因此，剪辑这个多机位片段最好的方法就是仅切换两个角度的视频画面，同时始终保持5D中的音频部分。在角度检视器中进行一下设置后，我们就可以进行仅视频的剪辑了。

12 在角度检视器中单击角度5D。

此时，在该角度画面四周会出现一个黄色边框，表示该角度是活跃的。

13 在角度检视器中单击"启用仅视频切换"按钮。接着，单击角度7D。

此时，角度5D的边框变成了绿色，表示当前活跃的是该角度的音频部分，而角度7D的边框是蓝色的，表示当前活跃的是该角度的视频部分。同时，在时间线上新的片段部分会标识为"V: 7D_

MC2_CARD01 | A: 5D_MC1_CARD01"。

14 重新播放这次编辑，注意在视频画面切换的时候，5D的音频是始终保持不变的。

15 按【Command-Z】组合键撤销这次操作。

好，经过两个简单的练习，你已经做好进行一次完整的多机位片段剪辑的准备了。接下来，你将在希望切换的地方单击，实现视频画面的切换。角度检视器、检视器和多片段会自动对你的操作做出反应。在停止播放后，时间线上片段的缩略图会自动更新，以显示出最后的剪辑结果。

16 将播放头放在时间线的最开头，开始播放，然后在角度检视器中随着播放的进行逐个单击每个希望切换的角度。

17 如果做错了，那么就停止播放，按【Command-Z】组合键撤销最近的一次切换。重新放置播放头位置，然后再播放并进行剪切。

多机位的剪辑功能非常像在直播间内现场切换来自多个摄像机的实况画面，其操作非常简易。同时观看多个角度的视频画面令剪辑师更易于判断剪切的时机。所不同的是，在Final Cut Pro中你可以撤销任何一次操作，弥补之前的错误编辑。

修饰多机位片段的剪辑

实时地播放来自多角度的画面，并实时地进行剪切当然是一种非常快速的方法。但是，在仓促之间做错几次操作就是比较常见的了，比如切换错了角度，或者某个画面切换的时机还不那么完美。无论这些错误非常严重，还是非常微小，软件都提供了修复它们的方法。

1 在多机位片段中找到切换画面的编辑点（以垂直的虚线表示），该编辑点是可以前后移动的。

2 将光标放在编辑点上，光标形状变成了卷动编辑工具的形状。在你操作的时候，Final Cut Pro会自动保持不同角度的片段之间的同步。

NOTE ▶ 如果你需要执行其他的修剪功能，那么请在"工具"弹出菜单中选择修剪工具。

3 将编辑点向左边拖动10帧。

如果你不小心进行了一次不希望进行的画面切换，无论是同一个角度，还是切换到另外一个角度，都可以删除该次切换。

4 使用选择工具单击编辑点，在选择该编辑点之后，按【Delete】键。

在按【Delete】键之前

在按【Delete】键之后

该次切换被删除后，左边角度的内容会向右延展到下一个编辑点，称为直通编辑点。

NOTE ▶ 通常，直通编辑涉及的是编辑点左右两侧是同一来源的素材。从多机位的角度来看，单一角度上编辑点左右两侧正是同一摄像机拍摄的同一个片段。

▶ **切换角度**

如果多机位片段中包含两个以上的角度，在切换到了错误的角度并希望修正这个问题的时候，你可以执行一次切换修改的操作，也就是在剪切并切换的操作中不进行剪切。与Final Cut Pro中的很多操作都类似，如果你按下【Option】键，就有可能执行一个与不按【Option】键类别相同，但功能略有区别的操作。

首先将播放头放在时间线上多机位片段的某个部分上，按住【Option】键，将光标放在角度检视器的另外一个角度画面上，光标的形状会从切割工具变换为手形工具。此时单击一下，即可将新角度画面替换到时间线上当前的多机位片段的部分中。

配置音频通道和组件

在剪辑多机位片段的时候，你可能会需要使用另外一个角度的音频。首先，你可以在音频检查器的"通道配置"选项区域设置活跃的音频通道。

"通道配置"选项区域用于设置如何处理音频组件或者每个片段的音频，以及如何进行输出——比如按照立体声对或者是双通道等。

NOTE ▶ 在一个多机位片段的部分中，如果需要修改通道配置，那么在"布局"弹出菜单中需要取消选择"使用事件片段布局"选项。

在完成通道设置，激活了多片段部分中某个希望使用的音频组件后，在片段的右键快捷菜单中选择"展开音频组件"命令。在已经展开的音频片段上可以添加关键帧，或者制作淡入淡出的效果。

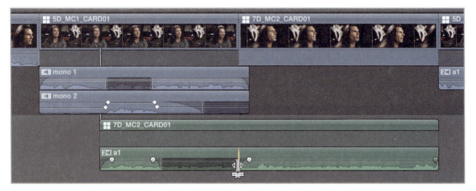

在时间线上显示出某个单独的音频组件后，你就可以随时按照自己的需要调整音频内容了。在剪辑多片段的时候，如果进行仅音频切换，也会有类似的需求。此外，一个来自多片段的音频也可以连接到主要故事情节上，以获得更多剪辑操作上的灵活性。

课程回顾

1. 为了剪辑非原生视频分辨率的项目，必须选择哪个视频属性？
2. 在Final Cut Pro中，默认的渲染格式是什么？
3. 如果视频片段和音频片段分别是由不同设备录制的，那么使用哪个命令可以创建一个复合片段并进行同步？
4. 哪个命令可以手动调整某个片段中音频和视频的同步关系？
5. 片段的叠放关系是如何影响画面合成效果的？
6. 在"抠像器"效果中，哪个参数用于停止自动抠像，以便开始手动控制？
7. 双击一个多机位片段后，会在什么界面打开它？

8. 如何显示出多机位片段各个角度的画面?
9. 3个活跃角度的颜色分别是什么含义?

答案

1. 项目格式必须通过自定设置。
2. Apple ProRes 422。
3. 同步片段。
4. 在时间线上打开。
5. 在时间线上,前景片段需要放置在背景片段的上方。
6. 将"强度"滑块调整到0%。
7. 角度编辑器。
8. 单击"显示角度"按钮,显示角度检视器。
9. 黄色表示视频和音频都活跃;蓝色表示视频是活跃的;绿色表示音频是活跃的。

附录A
键盘快捷键

在Final Cut Pro中,有超过300个命令,而本附录的表格中将会着重介绍其中最常用的一些命令的快捷键。你也可以自己创建常用的Final Cut Pro键盘快捷键列表。

分配键盘快捷键

在Final Cut Pro中,可以通过命令编辑器创建和修改键盘快捷键。

1 在菜单栏中选择"Final Cut Pro > 命令 > 自定"命令,打开Command Editor(命令编辑器)。

Command Editor包含一个虚拟键盘、搜索栏,以及所有可用命令的列表。这3个界面元素结合起来方便用户整理命令和键盘快捷键。

NOTE ▶ 在分配一个新的键盘快捷键之前,你必须复制当前的命令集。如果忘记这个操作,在存储的时候,Final Cut Pro也会提醒你有关操作。

2 从命令集的弹出菜单中选择"复制"命令。

3 为新的命令集起一个名字，然后单击"好"按钮。

使用键盘

在虚拟键盘上单击一个按键，在右下方的列表框中就会出现这个按键所有已经被分配的命令。你可以参考这里的信息，结合其他两个界面，为命令分配快捷键。

使用搜索栏

通过搜索栏可以按照名称和描述来搜索命令。比如，在搜索栏中输入"切割"，这不仅会找到切割命令，也包含切割工具，因为使用该工具就可以切断一个片段。

搜索栏

在命令列表框中显示的搜索结果

使用命令列表框

Final Cut Pro的完美主义的用户会非常喜欢命令列表框的功能，它可以显示出软件中每一个命令的名称和解释。而且，也非常适合学习新的命令。

选择一个命令，在右边可以看到有关它的描述。

回顾默认的命令集

下表是默认键盘快捷键的一部分信息。

界面

命令	快捷键	描述
缩放至窗口大小	Shift-Z	浏览器：每个片段按照一个缩略图显示
		检视器：调整检视器缩放比例以便观看整幅图像
		时间线：显示出项目的全部内容
放大	Command-=	浏览器：在连续画面中显示出更多的缩略图
		检视器：在检视器中放大图像比例
		时间线：在时间线上放大时间标尺
缩小	Command-–	浏览器：在连续画面中显示出更少的缩略图
		检视器：在检视器中缩小图像比例
		时间线：在时间线上缩小时间标尺
检视器	Command-4	显示/隐藏针对被选对象的详细信息
媒体导入	Command-I	打开"媒体导入"窗口
时间线索引	Command-Shift-2	显示/隐藏时间线索引窗格
视频动画编辑器	Control-V	显示/隐藏视频动画编辑器
片段外观：仅显示波形	Control-Option-1	所有时间线上的片段仅显示它们的音频波形
片段外观：增大波形	Control-Option-上箭头	增大时间线片段的波形的显示
片段外观：减小波形	Control-Option-下箭头	减小时间线片段的波形的显示
显示/隐藏视频观测仪	Command-7	在调色的时候显示/隐藏视频观测仪

工具条

命令	快捷键	描述
选择工具	A	选择一个片段
修剪工具	T	波纹修剪、卷动、滑动、滑移
切割工具	B	将片段切割为两个部分

导航

命令	快捷键	描述
播放	L	正向播放。最多可以4倍速播放
暂停	K	暂停播放
方向播放	J	方向播放。最多可以4倍速播放
播放所选部分	/	从所选范围的开始点播放，在所选范围的结束点停止
跳到范围开头	Shift-I	将播放头放置在所选范围的开头
浏览	S	激活或者停用扫视播放头
音频浏览	Shift-S	激活或者停用音频扫视
放置播放头	Control-P	将播放头按照在Dashboard中输入的时间码或者时间数值进行放置

事件元数据

命令	快捷键	描述
设定范围开头	I	按照扫视播放头或者播放头位置设定范围开始点
设定范围结尾	O	按照扫视播放头或者播放头位置设定范围结束点
设定附加范围开头	Shift-Command-I	在一个片段内设定一个附加范围的开始点
设定附加范围结尾	Shift-Command-O	在一个片段内设定一个附加范围的结束点

续表

命令	快捷键	描述
清除所选范围	Option-X	清除一个或者多个选择范围
个人收藏	F	将选择对象标记为个人收藏
删除	Command-Delete	将所选片段或事件删除到废纸篓中
		精选：删除该精选，从事件中所有相关片段中删除关键词

音频

命令	快捷键	描述
展开音频组件	Control-Option-S	显示一个片段中活跃的单独音频通道
创建音频关键帧	Option-单击	在使用选择工具的时候创建一个音频关键帧
调高音量 1dB	Control-=	将时间线上被选择对象的音量提高 1 dB
调低音量 1dB	Control--	将时间线上被选择对象的音量降低 1 dB
增大音频波形高度	Control-Option-上箭头	逐渐增大片段上音频波形的面积
独奏	Option-S	令所有未被选择的音频对象在播放的时候静音

编辑

命令	快捷键	描述
追加片段	E	将被选择片段添加到主要故事情节或者被选择故事情节的最后
插入片段	W	将被选择片段插入到主要故事情节选择的范围中，或者按照扫视播放头/播放头位置插入
连接片段	Q	将被选择片段连接到主要故事情节上
覆盖片段	D	按照被选择片段的时间长度覆盖主要故事情节中的内容
反向时序连接	Shift-Q	执行一次三点编辑，时间线和浏览器中的结束点作为编辑的开始点。按照时间线标记的范围从后向前填充连接片段的内容
吸附	N	启用/禁用时间线上的吸附功能
从故事情节中拷贝	Command-Option-上箭头	执行一次举出编辑，将被选择片段垂直地从故事情节中移动到外边，留下一个空隙片段
创建故事情节	Command-G	将被选择的连接片段放入一个故事情节
新建复合片段	Option-G	浏览器：创建一个空的时间线容器
		时间线：将被选择的对象嵌套放入一个复合片段
展开音频/视频	Control-S，或者双击音频波形	将片段内部的音频显示为一个单独的组件，以便针对视频或者音频独立调整开始点和结束点
在浏览器中显示	Shift-F	在浏览器中显示当前时间线上被选择的对象
向左挪动	,	时间线：将被选择对象向左移动一个单位；将被选择的边缘向左移动一帧
向右挪动	.	时间线：将被选择对象向右移动一个单位；将被选择的边缘向右移动一帧
修剪开头	Option-[	将片段的开始点修剪到扫视播放头或者播放头的位置
修剪结尾	Option-]	将片段的结束点修剪到扫视播放头或者播放头的位置
修剪到所选部分	Option-\	将片段的开始点和结束点修剪到标记的选择范围内
时间长度	Control-D	在Dashboard中显示被选择片段的时间长度，并可以进行修改
切割	Command-B	切割主要故事情节上的片段，或者某个被选择的片段
延长编辑	Shift-X	将被选择片段的边缘移动到扫视播放头或者播放头的位置
重新定时	Command-R	在时间线上的被选择对象上显示重新定时编辑器

续表

命令	快捷键	描述
切割速度	Shift-B	在播放头位置创建一个速度分段
插入空隙片段	Option-W	在扫视播放头或者播放头的位置上插入一个3秒的空隙片段
撤销	Command-Z	删除最近一次编辑
添加默认转场	Command-T	将默认转场添加到被选择的编辑点或者片段上
覆盖连接	`	临时覆盖所选部分的片段连接
移动连接点	Command-Option-单击	在连接片段上单击,移动相对于主要故事情节上片段的连接位置
复制	Command-C	将被选择对象复制到OS X的剪贴板中
粘贴属性	Shift-Command-V	将所属性及其设置粘贴到所选部分
启用/停用片段	V	启用/停用片段的可见性(可听性)
将项目复制为快照	Command-Shift-D	将被选择的或者活跃的项目复制为一个快照
设定标记	M	在扫视播放头或播放头位置添加标记

Final Cut Pro

命令	快捷键	描述
隐藏应用程序	Command-H	隐藏该应用程序
连续选择	Shift-单击	选择连续在一起的多个对象
非连续选择	Command-单击	选择不连续在一起的多个对象
全选	Command-A	选择活跃的窗口、区域或者容器中的所有对象
取消全选	Command-Shift-A	取消选择活跃的窗口、区域或者容器中的所有对象
偏好设置	Command-,	打开Final Cut Pro的偏好设置窗口

附录B
编辑原生格式

本附录中的表格列出了Final Cut Pro原生支持的格式。原生编辑格式的意思是不需要转换为另外一种编码。Final Cut Pro结合OS X操作系统与苹果计算机，具有远超处理普通1080p高清的能力。无论你使用的是MacBook Pro，还是Mac Pro，这三者结合后都能够原生地处理超高清、5K甚至更高分辨率的格式。

原生视频格式

本表格罗列了标清、高清和超过1K的格式。

标清	高清
DV, DVCAM, DVCPRO	DVCPRO HD, HDV
DVCPRO 50	H.264, AVCHD, AVCHD Lite, AVCCAM, NXCAM, AVC-Intra (50&100), XAVC
IMX (D-10)	XDCAM EX/HD/HD422, XF MPEG-2
iFrame, Motion JPEG (仅OpenDML)	
Apple Intermediate	
Apple Animation	
Apple ProRes 4444, 422 HQ, 422, LT, Proxy, Log C	
REDCODE RAW (R3D)	
无压缩 10-bit 和 8-bit 4:2:2	

原生的静态图像格式

本表格罗列了原生支持的静态图像格式，比如照片或者图形。

BMP
GIF
JPEG
PNG
PSD （静态的和分层的）RAW
TGA TIFF

原生的音频格式

本表格罗列了原生支持的音频文件格式。

AAC
AIFF
BWF
CAF
MP3
MP4
WAV

反侵权盗版声明

电子工业出版社依法对本作品享有专有出版权。任何未经权利人书面许可，复制、销售或通过信息网络传播本作品的行为；歪曲、篡改、剽窃本作品的行为，均违反《中华人民共和国著作权法》，其行为人应承担相应的民事责任和行政责任，构成犯罪的，将被依法追究刑事责任。

为了维护市场秩序，保护权利人的合法权益，我社将依法查处和打击侵权盗版的单位和个人。欢迎社会各界人士积极举报侵权盗版行为，本社将奖励举报有功人员，并保证举报人的信息不被泄露。

举报电话：（010）88254396；（010）88258888

传　　真：（010）88254397

E-mail：　dbqq@phei.com.cn

通信地址：北京市万寿路173信箱

电子工业出版社总编办公室

邮　　编：100036